高 职 高 专 新 形 态 教 材

青岛职业技术学院教材出版资金资助

U0828925

化学技能实训

主 编 陈 琰 辛银花 张彩霞

编 委 祝边疆 赵 宁 张 璟 兰 欣

陈 曦 陈韦韦 张魁英 沈小宇

華中科技大學出版社

http://press.hust.edu.cn

中国 · 武汉

内 容 简 介

本书为新型活页式高等职业院校教材，按照模块化进行编写，内容包括化学实验基础知识、滴定分析实验基本操作、常用标准溶液的标定、酸碱滴定分析、配位滴定分析、氧化还原滴定分析、沉淀滴定分析及自主设计实验。

本书可作为应用化工、海洋化工、环境监测、分析技术、生物制药等专业高职高专一年级学生的实验教材，也可作为工厂企业有关专业的技术人员的参考用书。

图书在版编目(CIP)数据

化学技能实训 / 陈琰，辛银花，张彩霞主编. -- 武汉 ：华中科技大学出版社，2024. 10. -- ISBN 978-7-5772-1282-1

Ⅰ. TQ02

中国国家版本馆 CIP 数据核字第 2024VA6403 号

化学技能实训　　陈　琰　辛银花　张彩霞　主编

Huaxue Jineng Shixun

策划编辑：袁　冲

责任编辑：李曜男

封面设计：王　琛

责任监印：朱　玢

出版发行：华中科技大学出版社(中国·武汉)　　电话：(027)81321913

武汉市东湖新技术开发区华工科技园　　邮编：430223

录　　排：华中科技大学惠友文印中心

印　　刷：武汉科源印刷设计有限公司

开　　本：787mm×1092mm　1/16

印　　张：8.75

字　　数：218 千字

版　　次：2024 年 10 月第 1 版第 1 次印刷

定　　价：49.00 元

前　　言

化学技能实训是高职生物与化工类专业必修课程，是学生进入大学后学习的第一门化学实验课程。本书为新型活页式教材，内容包括化学实验基础知识、滴定分析实验基本操作、常用标准溶液的标定、酸碱滴定分析、配位滴定分析、氧化还原滴定分析、沉淀滴定分析、自主设计实验。每个项目包含多个实验任务。实验任务的选取贴合理论课程学习目标及实际生产案例，注重学生职业素质的培养，各专业可根据各自的教学任务选取不同实验任务开展实验教学。

各实验任务中包括实验原理、预习要求、实验步骤、数据记录表格及实验反思、学生自评，教师评价等，供师生参照进行课程考核。相关知识、操作技能采用扫码获取参考资料及视频的形式，方便学生自学。

本书由陈琰、辛银花、张彩霞担任主编，参加编写的还有青岛职业技术学院祝边疆、赵宁、张璟、兰欣四位老师。本书是校企合作教材，在编写中获得了企业工程师的大力协助，包括中国国检测试控股集团青岛京诚有限公司总经理陈曦、环境检测部总监陈韦韦，青岛斯八达分析测试有限公司高级工程师张魁英、工程师沈小宇等，他们在教材内容重构、任务与项目分解等方面提出了很多宝贵的建议，在此向他们表示感谢。

在教材编写过程中，编者参照借鉴了近年来国家颁布实施的各类标准、技术规范和兄弟院校出版的教材，在此对有关作者表示由衷的感谢。

由于编者水平有限，加之时间仓促，书中难免有不妥和疏漏之处，敬请读者批评指正。

编者

2024 年 5 月

目　录

预备知识　化学实验基础知识

【学习目标】

1. 知识目标

(1)熟悉化学实验课程目的及学习方法。

(2)掌握化学实验室守则及意外事故处理方法。

(3)了解实验用水、试剂、常用玻璃仪器知识。

2. 能力目标

(1)能根据实验要求选择玻璃仪器、实验用水及试剂。

(2)能正确处置实验过程中产生的“三废”。

(3)能按照实验要求完成实验报告。

3. 素质目标

(1)培养学生科学严谨的态度和实验习惯。

(2)树立规范操作意识、安全环保意识。

0.1 化学实验课程目的

实验是人类研究自然规律的一种基本方法。没有实验就没有化学。化学实验既是化学科学的基石，又是化学科学的“试金石”，即化学中的一切定律、原理、学说都来源于实验，同时经受实验的检验。作为未来的化学家和化学工作者，学生只有通过化学实验这一手段才能到达成功的彼岸。化学实验课是传授知识和技能、训练科学思维和方法、培养科学精神和职业道德、实施全面化学素质教育的最有效的形式。

通过化学技能实训课程的教学，培养学生达到以下目标。

(1)具备科学的认识能力和研究能力，即正确进行实验操作、细致观察和记录现象、归纳、综合、正确处理数据的能力，正确分析和表达实验结果的能力等。

(2)养成实事求是、严肃认真、一丝不苟的科学态度，准确、细致、整洁的科学习惯以及科学的思维方式，从而逐步掌握科学研究的方法。

(3)增强学生对化学的基本原理和基础知识的理解和掌握的能力、分析问题和解决问题的能力，同时使学生在基本操作方法和技能技巧等方面得到严格训练。

0.2　化学实验课程学习方法

化学实验课程的学习，不仅需要有一个正确的学习态度，而且需要有一个正确的学习方法。现将学习方法归纳成如下几个方面。

1. 课前预习

(1)认真阅读实验教材及参考资料。要求：明确实验目的、理解实验原理、熟悉实验内容、掌握基本方法，并在此基础上简明扼要地完成预习笔记。

(2)预习笔记内容一般包括实验原理、所需仪器及试剂、简要步骤、必要的数据记录表格、相应计算公式等。

2. 课堂操作

(1)按照要领规范操作，仔细观察实验现象，及时、如实、准确记录实验数据，不得随意涂改。

(2)实验过程中，自觉遵守实验室的各项规章制度，养成良好的工作习惯。

(3)实验结束后，做好整理工作，关闭设备、洗涤玻璃仪器、清理实验台面及打扫实验室卫生等。

(4)实验过程中遇到疑难问题，及时记录并认真分析操作过程，查找原因，养成认真、求实、存疑的科学精神和思维方式。

3. 实验报告

每次实验结束后，要书写实验报告。实验报告一般分四个部分。

(1)实验目的及原理：简明扼要地描述实验目的及原理。

(2)实验内容：总结归纳实验过程，简明扼要地书写实验流程。

(3)数据记录：记录实验现象、测定数据，使用表格、图形准确表示，注意法定计量单位的使用。

(4)实验结论：对实验现象的分析、解释、结论；原始数据的处理、误差分析、讨论。

实验报告示例如表 0-1 所示。

表 0-1　××课程实验报告

班级　　　　　　　　姓名　　　　　　　　学号　　　　　　　　实验日期

<table>
<tr><td>项目(任务)</td><td></td></tr>
<tr><td>实验目的</td><td></td></tr>
<tr><td>所需仪器、试剂</td><td></td></tr>
<tr><td colspan="2">实验原理、步骤</td></tr>
<tr><td colspan="2">数据处理及结果分析</td></tr>
<tr><td>成绩评定</td><td>指导教师(签字)
年　月　日</td></tr>
</table>

扫码下载,以供参考。

实验报告模板

0.3　化学实验课程守则

(1)按时进行实验,不得无故旷课或请人代做。

(2)实验前必须认真写好预习报告,否则不得进行实验。进入实验室后先熟悉实验室环境、布置、各种设施的位置,清点仪器。

(3)实验中保持室内安静,集中思想,仔细观察,如实、及时、正确地记录。

(4)使用仪器要小心谨慎,若有损坏应填写仪器损坏单;若不按操作规程导致仪器损坏,要折价赔偿。使用精密仪器时,必须严格按照操作规程进行操作。注意节约水电。

(5)实验过程中使用试剂时应注意以下几点:

①按量取用,注意节约;

②取用固体试剂时,注意勿使其落在实验容器外;

③公用试剂放在指定位置,不得擅自拿走;

④试剂瓶的滴管、瓶塞是配套使用的,用后立即放回原处,避免混淆、沾污试剂;

⑤使用试剂时要遵守正确的操作方法。

(6)实验完毕,洗净仪器,放回原处,整理桌面,经指导教师同意方可离开。实验室内物品不得带出。

(7)每次实验后由值日生负责整理药品,打扫卫生,检查水、电和门窗,以保持实验室的整洁和安全。

0.4 化学实验室安全规则

(1)不要用湿手、湿物接触电源,水、电、气使用完毕立即关闭。

(2)加热试管时,不要将试管口对着自己或别人,也不要俯视正在加热的液体,以防液体溅出伤害人体。

(3)嗅闻气体时,应用手轻拂气体,把少量气体扇向自己再闻,能产生刺激性或有毒气体(如 H_2S、Cl_2、CO、NO_2、SO_2等)的实验必须在通风橱内进行或注意实验室通风。

(4)具有易挥发和易燃物质的实验,应在远离火源的地方进行。操作易燃物质时,加热应在水浴中进行。

(5)有毒试剂(如氰化物、汞盐、钡盐、铅盐、重铬酸钾、砷的化合物等)不得进入口内或接触伤口,剩余的废液应倒在指定的废液桶内集中回收处理。

(6)若带汞的仪器被损坏,汞液溢出仪器,应立即报告指导教师,在教师指导下进行处理。

(7)洗液、浓酸、浓碱具有强腐蚀性,应避免溅落在皮肤、衣服、书本上,更应防止溅入眼睛。

(8)稀释浓硫酸时,应将浓硫酸慢慢注入水中,并不断搅动,切勿将水倒入浓硫酸中,以免迸溅,造成灼伤。

(9)禁止任意混合各种试剂药品,以免发生意外事故。

(10)废纸、玻璃等物应扔入废物桶中,不得扔入水槽,保持下水道畅通,以免发生水灾。

(11)反应过程中可能生成有毒或有腐蚀性气体的实验应在通风橱内进行,使用后的器皿应及时洗净。

(12)经常检查煤气开关和用气系统,如果有泄漏,应立即熄灭室内火源,打开门窗,关闭总阀,立即报告教师。

(13)实验室内严禁吸烟、饮食。实验完毕,必须洗净双手。

(14)实验课应着实验服、长裤、运动鞋,禁止穿凉(拖)鞋、高跟鞋、背心、短裤(裙)进入实验室。

(15)禁止将手机带入实验室,一旦发现,实验教师有权进行处理。

0.5　化学实验室意外事故处理

一、化学灼烧处理

1. 酸(或碱)灼伤皮肤

立即用大量水冲洗，再用碳酸氢钠饱和溶液(或1%～2%乙酸溶液)冲洗，最后用水冲洗，涂敷氧化锌软膏(或硼酸软膏)。

2. 酸(或碱)灼伤眼睛

不要揉搓眼睛，立即用大量水冲洗，再用3%的硫酸氢钠溶液(或用3%的硼酸溶液)淋洗，然后用蒸馏水冲洗。

3. 碱金属氰化物、氢氰酸灼伤皮肤

先用高锰酸钾溶液洗，再用硫化铵溶液漂洗，最后用水冲洗。

4. 溴灼伤皮肤

立即用乙醇洗涤，然后用水冲净，涂上甘油或烫伤油膏。

5. 苯酚灼伤皮肤

先用大量水冲洗，然后用4∶1的乙醇(70%)-氯化铁(1 mol/L)的混合液洗涤。

二、割伤和烫伤处理

1. 割伤

若伤口内有异物，取出异物后，用蒸馏水洗净伤口，然后涂上碘伏并用消毒纱布包扎或贴创可贴。

2. 烫伤

立即涂上烫伤膏，勿用水冲洗，更不能把烫起的水泡戳破。

三、毒物与毒气误入口、鼻内感到不舒服时的处理

1. 毒物误入口

立即内服5～10 mL稀$CuSO_4$温水溶液，再用手指伸入咽喉促使呕吐。

2. 刺激性、有毒气体吸入

误吸入煤气等有毒气体时，立即在室外呼吸新鲜空气；误吸入溴蒸气、氯气等有毒气体时，立即吸入少量酒精和乙醚的混合蒸气，以便解毒。

四、触电处理

触电后，立即拉下电闸，必要时进行人工呼吸。当发生的事故较严重时，做了上述急救措施后应速送医院治疗。

五、起火处理

1. 小火、大火

小火用湿布、石棉布或砂子覆盖燃物；大火应使用灭火器，而且需根据不同的着火情况，

选用不同的灭火器,必要时应报火警119。

2. 油类、有机溶剂着火

切勿用水灭火;小火用砂子或干粉覆盖灭火;大火用二氧化碳灭火器灭火,亦可用干粉灭火器或1211灭火器灭火。

3. 精密仪器、电器着火

切断电源;小火可用石棉布或湿布覆盖灭火;大火用四氯化碳灭火器灭火,亦可用干粉灭火器或1211灭火器灭火。

4. 活泼金属着火

可用干燥的细砂覆盖灭火。

5. 纤维材质着火

小火用水降温灭火,大火用泡沫灭火器灭火。

6. 衣服着火

迅速脱下衣服、用石棉覆盖着火处或卧地打滚。

0.6　化学实验室“三废”处理

化学实验室的“三废”种类繁多，实验过程中产生的有毒气体和废水排放到空气中或下水道，会对环境造成污染，威胁人们的健康。SO_2、NO、Cl_2等气体对人的呼吸道有强烈的刺激作用，对植物也有伤害作用；As、Pb 和 Hg 等的化合物进入人体后，不易分解和排出，长期积累会引起胃痛、皮下出血、肾功能损伤等；氯仿、四氯化碳等能致肝癌；多环芳烃能致膀胱癌和皮肤癌等。故须对实验过程中产生的有毒有害物质进行必要的处理。

一、常用的废气处理方法

1. 溶液吸收法

溶液吸收法即用适当的液体吸收剂处理气体混合物，除去其中有害气体的方法。常用的液体吸收剂有水、碱性溶液、酸性溶液、有机溶液，它们可用于净化含有 SO_2、NO_x、HF、SiF_4、HCl、Cl_2、NH_3、汞蒸气、酸雾、沥青烟和各种组分有机物蒸气的废气。

2. 固体吸收法

固体吸收法是使废气与固体吸收剂接触，使废气中的污染物(吸收质)吸附在固体表面从而被分离出来的方法。此法主要用于净化废气中低浓度的污染物质，常用的吸附剂及处理物质见表 0-2。

表 0-2　常用吸附剂及处理物质

固体吸附剂	处理物质
活性炭	苯、甲苯、二甲苯、丙酮、乙醇、乙醚、甲醛、汽油、乙酸乙酯、苯乙烯、恶臭物、H_2S、Cl_2、CO_2、CO、SO_2、NO_x、CS_2、CCl_4、$HCCl_3$、H_2CCl_2
浸渍活性炭	烯烃、胺、酸雾、硫醇、甲醛、SO_2、Cl_2、H_2S、HF、HCl、NH_3、Hg、CO、CO_2
活性氧化铝	H_2O、H_2S、SO_2、HF
浸渍活性氧化铝	酸雾、Hg、HCl、HCHO
硅胶	H_2O、NO_x、SO_2、C_2H_2
分子筛	NO_x、H_2O、CO_2、CS_2、SO_2、H_2S、NH_3、C_mH_n、CCl_4
焦炭粉粒	沥青烟
白云石粉	沥青烟
蚯蚓类	恶臭类物质

二、常用的废水处理方法

1. 中和法

对于酸含量为 3%～5%的酸性废水或碱含量为 1%～3%的碱性废水，常采用中和处理方法。无硫化物的酸性废水，可用浓度相当的碱性废水中和；含重金属离子较多的酸性废水，可通过加入碱性试剂(如 NaOH、Na_2CO_3)进行中和。

2. 萃取法

萃取法采用与水不互溶但能良好溶解污染物的萃取剂，使其与废水充分混合，提取污染物，达到净化废水的目的。例如含酚废水就可采用二甲苯作为萃取剂。

3. 化学沉淀法

化学沉淀法是于废水中加入某种化学试剂，使之与其中的污染物发生化学反应，生成沉淀，然后进行分离的方法。此法适用于除去废水中的重金属（汞、镉、铜、铅、锌、镍、铬等）离子、碱土金属（钙、镁）离子及某些非金属（砷、氟、硫、硼等）。氢氧化物沉淀法是用 NaOH 作为沉淀剂处理含重金属离子的废水；硫化物沉淀法是用 Na_2S、H_2S、CaS_x 或 $(NH_4)_2S$ 等作为沉淀剂除去汞、砷；铬酸盐法是用 $BaCO_3$ 或 $BaCl_2$ 作为沉淀剂除去废水中的铬等。

4. 氧化还原法

水中溶解的有害无机物或有机物，可通过化学反应氧化或还原，转化成无害的新物质或易从水中分离的形态。常用的氧化剂主要是漂白粉，用于含氮废水、含硫废水、含酚废水及含氨氮废水的处理。常用的还原剂有 $FeSO_4$、Na_2SO_4（用于还原六价铬），活泼金属（如铁屑、铜屑、锌粒等，用于除去废水中的汞）。

此外，废水处理方法还有活性炭吸附法、离子交换法、电化学净化法等。

三、常用的废渣处理方法

废渣主要采用掩埋法。有毒的废渣必须在进行化学处理后深埋在远离居民区的指定地点，以免毒物溶于地下水而混入饮水中；无毒废渣可直接掩埋，掩埋地点应有记录。

【素质拓展】

2024 年 1 月 11 日，《中共中央　国务院关于全面推进美丽中国建设的意见》（以下简称《意见》）发布。《意见》聚焦美丽中国建设的目标路径、重点任务、重大政策提出细化举措，在污染防治领域部署任务：要持续深入推进污染防治攻坚，持续深入打好蓝天、碧水、净土保卫战，强化固体废物和新污染物治理。在实验室工作时，我们要选择合适的方法对实验产生的“三废”进行检测、回收，尽可能减少废物产生量、减少对环境的污染，使“三废”排放时符合国家有关环境排放标准，为建设美丽中国贡献自己的力量。

0.7　化学实验用水

随着技术的发展，实验室各类仪器越来越精密，对于测试过程中使用的试剂、水的要求也越来越高。普通的自来水是将天然水进行初步净化处理制得的，仍含有各种杂质，只能用作初步洗涤仪器、冷却或加热用水等，不能用于配制溶液及分析实验。因此，水需要采用特殊工艺或设备净化后，才能满足实验室工作要求。常见的实验室用水有以下几种。

1. 蒸馏水

蒸馏水是实验室最常用的一种纯水。蒸馏水是去除自来水里大部分的污染物得到的，但是含有挥发性的杂质，如二氧化硅、氨、二氧化碳、一些有机物。新鲜的蒸馏水是无菌的，但经过储存后细菌易繁殖，因此建议不要长时间存放。

另外，储存蒸馏水的容器也很讲究，需要尽量选择非惰性物质制造的容器，不然，容器中的离子和塑形物质会析出，造成蒸馏水的二次污染，使蒸馏水无法使用。

在早期实验室中，蒸馏水制备方便，因此应用比较广泛。然而蒸馏水设备虽然便宜，但极耗能、费水并且制水速度慢，近年来实验室应用逐渐减少。

2. 去离子水

去离子水是使用离子交换树脂去除水中的阴离子和阳离子而得到的。去离子水中还是存在可溶性的有机物，可以污染离子交换柱从而降低其功效，影响水质。

同蒸馏水一样，去离子水存放后也容易引起细菌的繁殖，因此要现用现取，减少储存时间。

3. 反渗透水

反渗透水是目前实验室应用越来越广泛的一种实验室用水。反渗透水的生成原理是水分子在压力的作用下，通过反渗透膜制出纯水，水中的杂质被反渗透膜截留排出。反渗透水的生产过程耗能低，产水快，安全，是纯物理过程，无化学反应。因此，这种经济、实用、安全、高效的制水方式现在被越来越多的实验室应用。

反渗透水去除了水中的溶解盐、病毒、细菌、胶体、内毒素和大部分有机物等杂质，克服了蒸馏水和去离子水的许多缺点。好的反渗透膜的脱盐率可以达到约 99%，但不同厂家生产的反渗透膜对反渗透水的质量影响很大。

反渗透水的纯度高，很容易遭受空气的二次污染，因此储存要求较高，尽量不要长时间暴露在空气中。

4. 超纯水

超纯水的标准是水的电阻率为 18.2 MΩ · cm(25 ℃)。超纯水的离子含量接近 0，极容易被空气二次污染，即使储存，电阻率也下降得很快。因此，在实验室里，为保证实验的准确性，建议超纯水现取现用。

超纯水在 TOC、细菌、内毒素等指标方面因为各种实验的要求而不相同，因此，需要根据实验的要求来确定超纯水的相关标准。

实验室用水可参照国家标准《分析实验室用水规格和试验方法》(GB/T 6682—2008)分为 3 个级别(一级水、二级水和三级水)，具体规格及测定步骤参见标准。(扫码看国标 PDF)

《分析实验室用水规格和试验方法》

0.8 化学实验试剂

一、化学试剂的分类

化学试剂的分类方法多种多样。表 0-3 按组成和用途列出了化学试剂的分类。

表 0-3 化学试剂按组成和用途分类

名称	说明
无机试剂	无机化学品，如金属、非金属、氧化物、酸、碱、盐等
有机试剂	有机化学品，如烃、醇、醚、醛、酮、酸、酯、胺等
基准试剂	化学试剂中的标准物质，其主要成分含量高，化学组成恒定
特效试剂	在无机分析中用于测定、分离被测组分的专用的有机试剂，如沉淀剂、显色剂、螯合剂、萃取剂等
仪器分析试剂	用于仪器分析的试剂，如色谱试剂盒制剂、核磁共振分析试剂等
生化试剂	用于生命科学研究的试剂
指示剂和试纸	指示剂是滴定分析中用于指示滴定终点，或用于检验气体或溶液中某些物质存在的试剂；滤纸是用指示剂或溶剂溶液处理过的滤纸条
高纯物质	用于某些特殊需要的材料
标准物质	用于分析或校准仪器的有定值的化学标准品
液晶	既具有流动性、表面张力等液体的特征，又具有光学各向异性、双折射等固态晶体的特征

从国家监管的角度可将实验室常用的化学试剂分为一般试剂和需管控的化学试剂，需管控的化学试剂主要分为危险化学品、易制毒品、易制爆炸品、监控化学品、高毒物品、一般有毒物品、药品等；其他化学试剂列为一般化学试剂。

二、化学试剂的分级

按照国家标准，化学试剂根据试剂中所含杂质的多少分为四个等级（见表 0-4）。此外，化学试剂还有基准试剂、色谱纯试剂、光谱纯试剂等。

表 0-4 化学试剂的分级

试剂规格	优级纯	分析纯	化学纯	实验纯
等级	一级品	二级品	三级品	四级品
标签颜色	绿色	红色	蓝色	棕色或黄色
国际通用等级符号	GR	AR	CP	LR
杂质含量	很低	低	略高于分析纯	略高于化学纯
适用范围	精密的科学研究和测定工作	一般的科学研究和重要的测定工作	工厂、教学实验和一般分析工作	普通的实验或研究

三、化学试剂的保存

某些化学试剂会因为储存不当而变质，进而影响使用。以下是化学试剂常见的储存要求。

（1）密封：多数试剂都要密封存放，突出的有以下三类：

①易挥发的试剂，如浓盐酸、浓硝酸、浓氨水等；

②易与水蒸气、二氧化碳作用的试剂，如无水氯化钙、氢氧化钠、硅酸钠等；

③易被氧化的试剂（或还原性试剂），如亚硫酸钠、氢硫酸、硫酸亚铁等。

（2）避光：见光或受热易分解的试剂，要避免光照，置于阴凉处，如硝酸、硝酸银等，一般应盛放在棕色试剂瓶中。

（3）防蚀：有腐蚀作用的试剂，要注意防蚀，如氢氟酸不能放在玻璃瓶中，强氧化剂、有机溶剂不可用带橡胶塞的试剂瓶存放；碱液、水玻璃等不能用带玻璃塞的试剂瓶存放。

（4）抑制：易水解、易被氧化的试剂，要加一些物质抑制其水解或被氧化，如氯化铁溶液中常滴入少量盐酸、硫酸亚铁溶液中常加入少量铁屑。

（5）隔离：易燃有机物要远离火源；强氧化剂（过氧化物或有强氧化性的含氧酸及其盐）要与易被氧化的物质（炭粉、硫化物等）隔开存放。

（6）通风：多数试剂的存放，都要遵循这一原则，特别是易燃有机物、强氧化剂等。

（7）低温：室温下易发生反应的试剂，要采取措施低温保存，如苯乙烯和丙烯酸甲酯等不饱和烃及衍生物在室温时易发生聚合，过氧化氢易发生分解，因此要在 10 ℃以下的环境保存。

（8）特殊：特殊试剂要采取特殊措施保存，如钾、钠要放在煤油中，白磷要放在水中；液溴极易挥发，要在其上面覆盖一层水等。

思考以下化学试剂变质的主要原因。

（1）硫酸亚铁、碘化钾变质原因：________________________________

（2）NaOH、MgO、CaO 变质原因：________________________________

（3）$CaCl_2$、$MgCl_2$变质原因：________________________________

（4）$Na_2SO_4 \cdot 10H_2O$ 变为粉末的原因：________________________________

（5）液氨浓度降低的原因：________________________________

四、化学试剂的使用要求

实验人员要根据实验工作要求，掌握化学试剂的性质和使用方法，以保证化学试剂的质量和纯度，从而保障实验结果的准确性。

（1）根据工作要求选择相应级别的试剂。

（2）注意保护试剂瓶标签的完整，分装或配制试剂后应立即贴好标签，并注明试剂名称、规格、有效期等。

（3）使用试剂时保证试剂不受沾污，固体试剂使用清洁的牛角勺从试剂瓶中取出，液体试剂使用洁净的量筒倒取。取出的试剂不可倒回原瓶，避免污染原试剂。

（4）在嗅试剂气味时，试剂瓶远离鼻子，用手在瓶口上方扇动，使空气流流向自己而闻出气味，切忌对准试剂瓶口猛吸气。绝不可品尝化学试剂。

（5）在操作腐蚀性、毒性、易燃易爆等化学试剂前，要准备好防护用品，并按照其 MSDS 规范操作。

危险化学品 MSDS

扫码查看主要危险化学品 MSDS。

0.9 化学实验常用的玻璃仪器

玻璃具有很高的化学稳定性、热稳定性、透明度。化学实验中大量使用以玻璃制成的各类仪器。常用的玻璃仪器名称、用途及使用注意事项如表 0-5 所示。

表 0-5 常用的玻璃仪器名称、用途及使用注意事项

名称	实物图	主要用途	使用注意事项
烧杯		用于配制溶液、溶解样品等	加热时应置于石棉网上，不可烧干
锥形瓶		用于加热处理试样、容量分析滴定等	加热时应置于石棉网上，不可烧干；磨口锥形瓶加热时要打开塞子
碘量瓶		用于碘量法及其他生成挥发性物质的定量分析	同锥形瓶
量筒、量杯	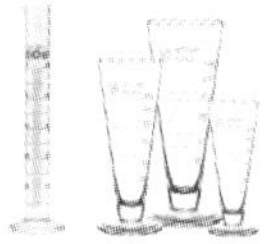	用于粗略量取一定体积的液体	不可加热，使用时沿内壁加入或倒出溶液
容量瓶		用于准确配制一定体积溶液	非标准的磨口塞要保持原配，不能直接明火加热，可水浴加热
滴定管		用于滴定分析操作	活塞要原配，不可加热，不可长时间存放碱液

续表

名称	实物图	主要用途	使用注意事项
移液管	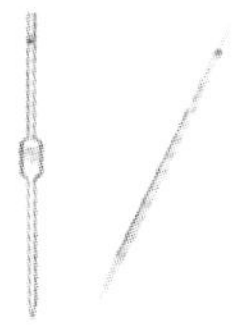	用于准确移取一定量的液体	
称量瓶		高形称量瓶用于称量基准物质或样品；扁形称量瓶用于测定水分或烘干基准物质	磨口塞要原配，烘烤时不可盖紧塞子
试剂瓶		广口瓶用于盛装固体试剂，细口瓶用于存放液体试剂，见光易分解的试剂存放在棕色瓶中	不可加热，不可在瓶内配制操作时放出大量热的溶液，磨口塞保持原配，存放碱性溶液时使用橡胶塞
滴瓶		盛装需要滴加的试剂，滴定分析实验中常用来装指示剂	
漏斗	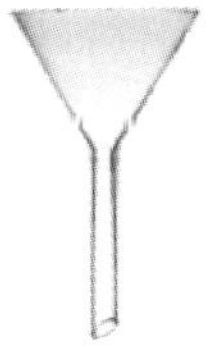	长颈漏斗用于定量分析、过滤沉淀；短颈漏斗用于一般过滤	不可直接明火加热
比色管	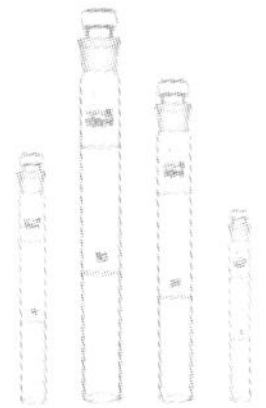	用于光度分析	不可明火加热；非标准磨口塞要保持原配；注意保持管壁透明；不可用去污粉刷洗，以免磨伤透光面
干燥器		用于保持烘干或灼烧过的物质干燥	底部放变色硅胶，磨口处涂适量凡士林，不可将红热物体放入

续表

名称	实物图	主要用途	使用注意事项
研钵		用于研磨固体试剂及试样	不可研磨与玻璃作用的物质，不能撞击，不可烘烤
抽滤瓶		厚壁容器，耐负压，用于抽滤时接收滤液	不可加热
表面皿		用于盖烧杯及漏斗等	不可明火加热，选用时直径要略大于所盖容器

0.10　玻璃仪器的清洗和干燥

一、玻璃仪器的洗涤方法

1. 刷洗

用水和毛刷洗涤，除去器皿上的污渍及其他不溶性和可溶性杂质。

2. 用肥皂、合成洗涤剂洗涤

洗涤时先将器皿用水湿润，再用毛刷蘸少许洗涤剂，将仪器内外洗刷一遍，最后用水边冲边刷洗，直至洗净。

3. 洗液洗涤

(1)强酸氧化剂洗液。

$K_2Cr_2O_7$在酸性溶液中，有很强的氧化能力，对玻璃仪器又极少有侵蚀作用，因此这种洗液在实验室内使用最广泛，其配制浓度各有不同，为5%～12%。铬有致癌作用，因此配制和使用洗液时要极为小心。该洗液是强氧化剂，但氧化作用比较慢，直接接触器皿数分钟至数小时才有作用，取出后要用自来水充分冲洗，然后用纯水淋洗3次。

(2)纯酸纯碱洗液。

对于碱性污物及大多数无机物残渣，直接用1＋1、1＋2或1＋9的盐酸或硝酸浸泡器皿24 h。对于油污，采用纯碱洗液浸泡或浸煮，纯碱洗液多采用10%NaOH水溶液。从纯碱洗液中捞取仪器时，要戴乳胶手套，以免烧伤皮肤。

(3)碱性高锰酸钾洗液。

用碱性高锰酸钾作为洗液，作用缓慢，适合用于洗涤有油污的器皿。洗后容器沾污处有褐色二氧化锰析出，再用浓盐酸或草酸洗液、亚硫酸钠等还原剂去除。

(4)有机溶剂。

有脂肪性污物的器皿，可以用汽油、二甲苯、丙酮、乙醇、二氯甲烷、乙醚等有机溶剂擦洗或浸泡。将化学纯的盐酸和乙醇按1∶2的体积比混合，可用于洗涤被染色的吸收池、比色管、吸量管及用乙醇配制的指示剂溶液干渣等。

洗液使用时要考虑既能有效去除污染物，又不引进新的干扰物质，还不腐蚀器皿。在使用不同性质洗液时，一定要把上一种洗液去除后再用另一种，以免相互作用。

洗净的仪器倒置时，水流出后器壁不挂水珠。再用少量纯水涮洗仪器三次，洗去自来水带来的杂质，即可使用。

二、玻璃仪器的干燥

(1)晾干：不急等用的要求一般干燥的仪器，可在纯水涮洗后在无尘处倒置控去水分，自然干燥。

(2)烘干：洗净的仪器控去水分，放在烘箱内烘干；烘箱温度为105～120 ℃，烘1 h左右；适用于一般仪器。玻璃量器烘干温度不得超过150 ℃，以免引起体积变化。

(3)热(冷)吹干：对于急于干燥的仪器或不适合放入烘箱的较大的仪器可用吹风机吹干。

【素质拓展】

铬酸洗液使用 $K_2Cr_2O_7$ 配制，清洗废液中含有三价铬和六价铬，需要集中处理，不可随意排放，在洗涤时尽量减少使用或选择其他合成洗涤剂代替。六价铬的毒性比三价铬约高 100 倍，是强致突变物质，可诱发肺癌和鼻咽癌，三价铬有致畸作用。水体中的三价铬主要被吸附在固体物质上而存在于沉积物中；六价铬多溶于水中。环境中的三价铬和六价铬可以相互转化，我国《地表水环境质量标准》(GB 3838—2002)中规定地表水中总铬的浓度限值为 0.01 mg/L(Ⅰ类水体)、0.05 mg/L(Ⅱ、Ⅲ、Ⅳ类水体)、0.1 mg/L(Ⅴ类水体)。

0.11　实验数据的记录和处理

一、数据记录

实验数据是实验的原始资料，必须认真规范地进行记录，在记录时注意以下要求。

(1)实验时将数据及时规范地记录在每个实验项目后配套的数据记录表格中，不得将数据随意记录在其他纸张上。

(2)实验过程中记录测量数据时，数字的准确度应与仪器的准确度一致。

(3)记录数据应及时、准确、实事求是，不许弄虚作假。

(4)实验过程中，发现数据记错、读错需要改动时，可将需改动的数据用一条横线划去，并在其上方写出正确数据。

(5)实验结束后，核对记录是否正确、合理、齐全，如有缺漏需重新测定。

二、有效数字及运算规则

在分析测试时，不仅要准确测量，而且要正确记录与计算。测量数据用有效数字来表示。

有效数字是实际能测到的数字，有效数字的保留位数由分析方法和仪器的准确度来决定，一般在记录时只保留一位可疑数字。

在处理数据时，合理保留有效数字，舍去多余数字的过程称为有效数字修约。根据《数值修约规则与极限数值的表示和判定》(GB/T 8170—2008)有效数字修约规则为“四舍六入五成双”。尾数≤4 时舍去。尾数≥6 时进位。尾数为 5 时，若后面数字为零，则视保留的末尾是奇数还是偶数，5 前为偶数则舍去，5 前为奇数则进位；若 5 后面还有不为零的数，无论 5 前是奇数还是偶数，都要进位。

在运算时，每个测量值的误差都要被传递到结果里，要合理取舍，先将数据修约再进行计算。加减法运算时，保留的有效数字的位数以小数点后位数最少的为准，即以绝对误差最大的数为准；乘除法运算时，保留的有效数字的位数以有效数字位数最少的为准，即以相对误差最大的数为准。

三、分析结果

在分析结果时，有效数字位数根据分析结果数据的大小有所区别。

数据≥10%的，保留四位有效数字(如 37.12%)；数据为 1%～10%的，保留三位有效数字(如 4.28%)；数据≤1%的，保留两位有效数字(如 0.85%)。

四、误差的表示方法

在进行定量分析测定时，必须对分析结果进行评价，判断其准确性，检查产生误差的原因，采取减小误差的有效措施，使测定结果尽量接近真值。

分析结果(x)和真实值(x_t)之间的差值称为误差(E)。误差越小，分析结果的准确度越高。误差可用绝对误差 E_a 和相对误差 E_r 表示。

绝对误差表示测定值与真实值之差：

$$E_a = x - x_t$$

相对误差指误差在真实值中所占比例：

$$E_r = \frac{E_a}{x_t} \times 100\%$$

在实际工作中，一般要进行多次平行测定，以求得分析结果的算数平均值。通常用偏差来衡量所得分析结果的精密度。偏差（d）表示测定结果（x）与平均值（$\bar{x}$）之间的差值：

$$d = x - \bar{x}$$

为了说明分析结果的精密度，以单次测量值的绝对值的平均值（平均偏差）表示精密度：

$$\bar{d} = \frac{|d_1| + |d_2| + \cdots + |d_n|}{n}$$

单次测量结果的相对平均偏差如下：

$$相对平均偏差 = \frac{\bar{d}}{\bar{x}} \times 100\%$$

一组测量数据中，最大值（x_{max}）和最小值（x_{min}）之间的差，称为极差（R）。

$$R = x_{max} - x_{min}$$

用此法表示误差非常简单，适用于少数几次测定中估计误差的范围，不足之处是没有利用全部测量数据。

$$相对极差 = \frac{R}{\bar{x}} \times 100\%$$

在定量分析中，各种原因导致的误差根据其性质的不同可分为系统误差和随机误差两大类。随机误差是由于某种特定原因造成的，具有重复性、单向性，可分为方法误差、仪器和试剂误差、操作误差、主观误差几类；随机误差又称偶然误差，是由一些随机的偶然原因造成的，如测量时的环境温度、湿度波动，仪器的微小变化等，在分析操作中是无法避免的。

还有一类过失误差，是操作不规范、粗心马虎造成的，如加错试剂、读错刻度、记录错误、计算错误等。有过失误差的数据在计算时要舍去。

在化学实验课程的学习和实训过程中，要保持严谨性和精确性。在进行实验前，应对相关知识进行深入了解，并在实验室内进行充分的准备工作，准备实验所需的设备、试剂和样品；在实验过程中，严格按照操作步骤进行，记录实验中的每个环节和观察结果，确保数据准确无误。

【素质拓展】

精削细磨，为大国重器打造澎湃动力①

哈尔滨汽轮机厂有限责任公司数控铣工董礼涛当选2023年“大国工匠年度人物”。

30年前，17岁的董礼涛成为哈尔滨汽轮机厂二车间的一名铣工学徒，每天在机床上用铣刀对各种零部件进行加工。董礼涛开始踏踏实实学本事，精益、细微、极致，日复一日、年复一年，董礼涛的加工技巧越来越娴熟，成功将误差控制在0.01 mm左右，达到了业内顶尖水平。董礼涛扎根一线，参与加工制造国产首台30 MW燃压机组，摘取装备制造业皇冠上的明珠，取得20余项国家专利，完成技术创新300余项，累计为公司创造价值8000余万元。在推动企业转型升级过程中，他也从一名学徒工一路披荆斩棘，先后获得中华技能大奖、全国技术能手、全国劳动模范、大国工匠年度人物等荣誉，为我国装备制造业的高质量发展贡献了卓越力量。

① 资料选自“中工网”2023年“大国工匠年度人物”事迹介绍。

项目一　滴定分析实验基本操作

【学习目标】

1. 知识目标

(1)熟悉电子天平称量原理、操作规则。

(2)了解移液管、容量瓶、滴定管等容量仪器的使用规范。

(3)掌握不同溶液的配制要求及规范。

(4)掌握容量仪器校正原理和校正曲线。

2. 能力目标

(1)能规范使用电子天平完成称量操作。

(2)可以正确使用容量仪器独立完成溶液配制、滴定操作。

(3)按照实验要求完成数据记录和计算处理。

3. 素质目标

(1)通过基本操作训练,培养学生规范操作的良好习惯。

(2)通过数据处理,培养学生精准思维习惯,学生应在学习过程中始终保持严谨细致、精益求精的态度。

任务 1.1　电子天平的使用

【实验任务】

学习电子天平的称量原理及规范,采用减量法完成一定质量范围的固体试剂称量。

【实验目标】

(1)掌握电子天平的原理和使用规则。

(2)学习电子天平基本操作和常用称量方法。

(3)能够使用减量法完成固体试剂称量。

【实验指导】

天平是准确称量物质质量的精密衡器,是化学实验中常用的计量仪器。分析天平一般是指能精确称量到±0.0001 g 的天平,它是比台秤更为精确的称量仪器。分析天平包括多种类型:电子分析天平(电子天平)、单盘分析天平、电光分析天平等。其中,电子天平是化学实验室的常用仪器之一。

一、电子天平的原理及结构

电子天平采用电磁力平衡的原理,具有操作简单、性能稳定、称量速度快、灵敏度高等特点。电子天平外部结构见图 1-1。电子天平包括称量室、玻璃门(3 个)、防对流圈、主体、标牌、封印、水平调整螺丝、称量盘、显示器、水准仪和开关键。

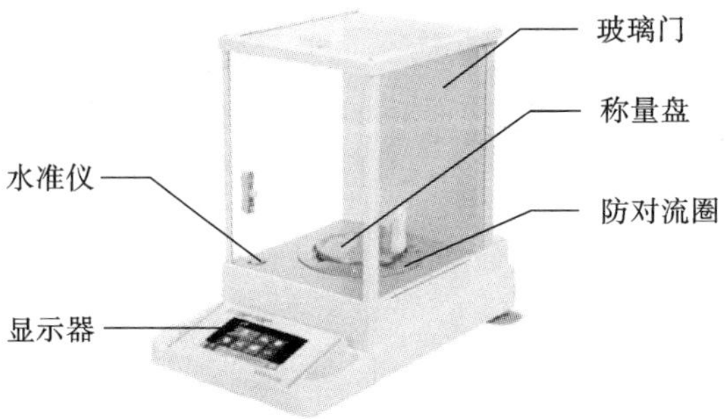

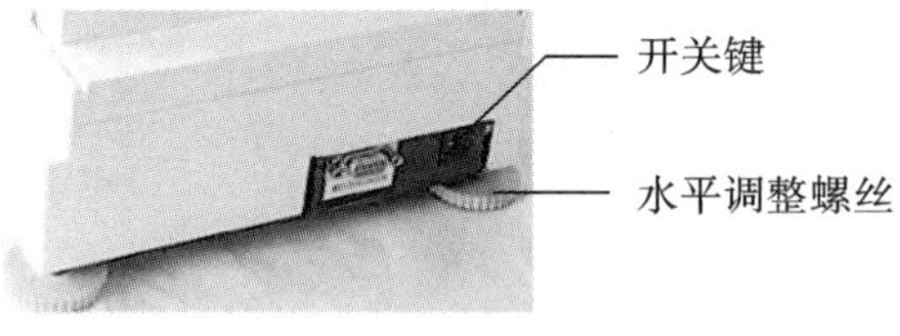

图 1-1　电子天平外部构造

电子天平外部构造的作用如下:称量室能防止风的影响;玻璃门在向称量室装取测定物时打开;防对流圈能够减轻空气对流对测定的影响;称量盘能够装载测定的物体;水准仪和水平调整螺丝能在安装时使天平保持水平;显示器可以显示测定结果、功能设定用信息、运作中的功能和错误等信息;开关键可以指示执行去皮重、功能设定、灵敏度校正等。

二、电子天平的操作程序

(1)调水平。调整水平调整螺丝高度,使水准仪内空气泡位于圆环中央。

(2)开机。接通电源,预热 30 min 以上,按开关键开机,天平自检完成。

(3)校正(校准)。首次使用的电子天平必须进行校正,按"CAL"键,天平显示器上显示所需校正砝码质量,放上标准砝码后即自动完成校正。

(4)称量。将所需称量的物体放置在称量盘中央,待显示屏上数字稳定后即可读数,读数时应关闭天平的玻璃门。

(5)关机。天平不使用时将开关键关至待机状态。

三、电子天平的称量方法

根据称量对象的不同,采用不同的称量方法。

1. 直接称量法

在空气中无吸湿性的试样或试剂,可用直接称量法。称量时将表面皿或其他称量容器放于称量盘中央,去皮,然后将试样置于称量容器中,即得到试样的质量。

2. 固定质量称量法

分析实验中为准确称取某一指定质量的试样,可用固定质量称量法。称量时将表面皿或其他称量容器放于称量盘中央,去皮,然后用药匙盛试样(试样一般要预先研细),在容器上方轻轻振动,使试样徐徐落入容器内,直至达到指定质量。

3. 减量(差减)称量法

当需要称取易吸水、易氧化或易与 CO_2 反应的物质时,可用减量(差减)称量法(又称减量法)。先称量装有试样的称量瓶的质量,然后将称量瓶取出,在容器上方倾斜,打开称量瓶盖,用盖轻轻敲瓶口上缘,使样品落入容器;当估计倾出的试样接近所需质量时,慢慢地将瓶竖起,再用称量瓶盖轻敲瓶口上部,使粘在瓶口的试样落回瓶内,然后盖好瓶盖,重新称量该装有试样的称量瓶。前后两次称量之差,即为倒入容器中试样的质量。

扫码观看电子天平使用。

电子天平使用

【实操演练】

1. 实验仪器、试剂

仪器:电子天平、小烧杯。

试剂:固体试样(如无水碳酸钠、氯化钠等)。

2. 实验流程

(1)电子天平使用前准备。

根据电子天平使用规则,对电子天平进行调水平和校正操作练习。

(2)称量练习。

①采用固定质量称量法称取固体试样 0.5 g。

②采用减量法称量 0.3～0.5 g 固体试样三份。

3. 数据记录与处理

将数据记录在表 1-1 中。

表 1 1　固体试样称量记录(减量法)

	1	2	3
倾样前质量/g			
倾样后质量/g			
试样质量/g			

【实验反思】

请结合个人称量练习结果(固定质量称量法和减量法所称试样质量是否都符合任务要求的质量),对电子天平的操作进行总结反思。

【课堂评价】

进行课堂评价并填表 1-2。

表 1-2　课堂评价表

评价项目	分值	评价		
		学生自评 30%	教师评价 70%	综合评价
课前预习 (完成预习并在工作手册中完成填写)	20 分			
课堂表现 (积极参与实验,操作规范)	50 分			
实验数据 (数据记录准确、及时,结果处理准确)	30 分			

任务 1.2　滴定管的使用

【实验任务】

完成滴定管的清洗、检漏、润洗、调零操作，练习放出不同体积纯水并准确读数。

【实验目标】

(1)能识别酸式滴定管、碱式滴定管的外形和基本结构。

(2)能使用酸式滴定管和碱式滴定管完成基本滴定操作。

(3)能正确读数并记录数据。

【实验指导】

滴定管是可放出不固定量液体的量出式玻璃量器，主要用于滴定分析中对滴定剂体积的测量。滴定管可分为酸式滴定管和碱式滴定管：酸式滴定管的下端有玻璃活塞，可装入酸性或氧化性滴定液，不能装入碱性滴定液，因为碱性滴定液可使活塞与活塞套黏合，使活塞难转动；碱式滴定管用来盛放碱性溶液，它的下端连接一根橡皮管，橡皮管内放有玻璃珠以控制溶液流出，橡皮管下端接有一根尖嘴玻璃管。能与橡皮管起反应的溶液，如高锰酸钾溶液、碘溶液，都不能装入碱式滴定管。

一、滴定管的准备

新拿到一支滴定管，用前应先做一些初步检查，如酸式滴定管旋塞是否匹配，碱式滴定管的橡皮管孔径与玻璃珠大小是否合适，碱式滴定管的橡皮管是否有孔洞、裂纹和硬化，滴定管是否完好无损等。初步检查合格后，进行下列准备工作。

1. 洗涤

滴定管可用自来水冲洗或用细长的刷子蘸洗衣粉液洗，但不能用去污粉洗。去污粉的细颗粒很容易黏附在管壁上，不易清洗。也不要用铁丝做的毛刷刷洗，因为容易划伤器壁，引起容量的变化，并且划伤的表面更易藏污垢。如果经过刷洗后内壁仍有油脂(主要来自旋塞润滑剂)或其他能用铬酸洗液洗去的污垢，可用铬酸洗液荡洗或浸泡。对于酸式滴定管，可直接在管中加入洗液浸泡；对于碱式滴定管，先拔去橡皮管，换上一小段塞有短玻璃棒的橡皮管，然后用洗液浸泡。总之，为了尽快且方便地洗净滴定管，可根据脏物的性质、弄脏的程度选择合适的洗涤剂和洗涤方法。无论用哪种方法洗，最后都要用自来水充分洗涤并用蒸馏水荡洗三次。洗净的滴定管在水流去后内壁应均匀地润上一薄层水，若管壁上还挂有水珠，说明未洗净，必须重洗。

2. 涂凡士林

使用酸式滴定管时，为使旋塞旋转灵活且不漏水，一般需将旋塞涂一薄层凡士林。涂抹方法：将滴定管平放在实验台上，取下旋塞芯，用吸水纸将旋塞芯和旋塞槽擦干；分别在旋塞的大头表面和旋塞槽小口内壁沿圆周均匀地涂一层薄薄的凡士林，在旋塞孔的两侧小心地涂上薄层凡士林，以免堵塞旋塞孔；将涂好凡士林的旋塞芯插进旋塞槽，向同一方向旋转旋塞，直到旋塞芯与旋塞槽接触处全部呈透明状且没有纹路(见图 1-2)。涂凡士林要适量，过多可能会堵塞旋塞孔，过少可能起不到润滑的作用，甚至造成漏水。把装好旋塞的滴定管平

图 1-2 旋塞涂凡士林

放在桌面上，让旋塞的小头朝上，在小头上套一个小橡皮圈(可以从橡皮管上剪下一小圈)以防旋塞脱落。在涂凡士林的过程中要特别小心，切莫让旋塞芯跌落在地上，造成整支滴定管报废。

3. 检漏

将滴定管用水充满至"0"刻度附近，将滴定管夹在滴定管夹上，用吸水纸将滴定管外擦干，静置 1 min，检查管尖或旋塞周围是否有水渗出，然后将旋塞转动 180°，重新检查。如有漏水，必须重新涂凡士林。

4. 滴定剂溶液的加入

加入滴定剂溶液前，先用蒸馏水荡洗滴定管三次，每次使用约 10 mL。荡洗时，两手平端滴定管，慢慢旋转，让水遍及全管内壁，然后从两端放出。用待装溶液荡洗三次，用量依次为 10 mL、5 mL、5 mL。荡洗方法与用蒸馏水荡洗时相同。荡洗完毕，装入滴定液至"0"刻度以上，检查旋塞附近(或橡皮管内)及管端是否有气泡。如有气泡，应将其排出。排出气泡时的操作：对于酸式滴定管，用右手拿住滴定管使它倾斜约 30°，左手迅速打开旋塞，使溶液冲下将气泡赶跑；对于碱式滴定管，将橡皮管向上弯曲，捏住玻璃珠的右上方，使气泡被溶液压出。

二、滴定管的操作方法

滴定管应垂直地夹在滴定管架上。使用酸式滴定管滴定时，左手无名指和小指弯向手心，用其余三指控制旋塞旋转。不要将旋塞向外顶，也不要太向里紧扣，以免使旋塞转动不灵活。

使用碱式滴定管时，左手无名指和中指夹住尖嘴，拇指与食指向侧面挤压玻璃珠所在部位稍上处的橡皮管，使溶液从缝隙处流出。要注意不能使玻璃珠上下移动，更不能捏玻璃珠下部的乳胶管。

无论用哪种滴定管，都必须掌握三种加液方法：①逐滴滴加；②加 1 滴；③加半滴。

三、滴定方法

滴定操作一般在锥形瓶内进行(见图 1-3 和图 1-4)。

在锥形瓶中进行滴定时，右手前三指拿住瓶颈，瓶底离瓷板 2～3 cm。将滴定管下端伸入瓶口约 1 cm，左手如前述方法操作滴定管，边摇动锥形瓶边滴加溶液。滴定时应注意以下几点。

(1)摇瓶时，转动腕关节使溶液向同一方向旋转(左旋、右旋均可)，但勿使瓶口接触滴定管出口尖嘴。

图 1-3　酸式滴定管的操作

图 1-4　碱式滴定管的操作

(2)滴定时左手不能离开旋塞任其自流。

(3)眼睛应注意观察溶液颜色的变化而不要注视滴定管的液面。

(4)溶液应逐滴滴加,不要流成直线。接近终点时应每加一滴摇几下,直至加半滴使溶液出现明显的颜色变化。加半滴溶液的方法:先使溶液悬挂在出口尖嘴上,用锥形瓶口内壁接触液滴,再用少量蒸馏水吹洗瓶壁。

(5)每次滴定应从"0"刻度开始。

(6)滴定结束后,排出滴定管内剩余的溶液,随即洗净滴定管并用水充满滴定管,以备下次使用。

若在烧杯中进行滴定,烧杯应放在白瓷板上,将滴定管出口尖嘴伸入烧杯约 1 cm。滴定管应放在左后方,但不要靠杯壁,右手持玻璃棒搅动溶液。加半滴溶液时,用玻璃棒末端承接悬挂的半滴溶液,放入溶液中搅拌。注意玻璃棒只能接触液滴,不能接触管尖。

四、滴定管的读数

读数应遵照下列原则。

(1)读数时,可将滴定管夹在滴定管架上,也可用右手指夹持滴定管上部无刻度处。不管用哪一种方法读数,均应使滴定管保持垂直。

(2)读数时,视线应与液面水平。(思考:若视线高/低于液面,读数将有何影响?)

(3)对于无色或浅色溶液,应该读取弯月面下缘的最低点。溶液颜色太深而不能观察到弯月面时,可读两侧最高点。初读数与终读数应取同一标准。

(4)读数应估计到最小分度的 1/10;对于常量滴定管,读到小数点后第二位,即估计到 0.01 mL。

(5)初学者练习读数时,可在滴定管后衬一张黑白两色的读数卡。将卡片紧贴滴定管,黑色部分在弯月面下约 1 mm 处,即可看到弯月面反映层呈黑色。若用白色背景,观察到的是弯月面反映层的虚像。这一影像随卡片与滴定管的距离、卡片倾斜角度及光线强弱等因素变化,因此不宜采用。白板蓝线衬背的滴定管,应当读取蓝线的最尖部位。

扫码观看滴定管的使用。

滴定管的使用

【实操演练】

1. 实验仪器、试剂

仪器：50 mL 酸式滴定管和碱式滴定管各一支、250 mL 锥形瓶、烧杯。

试剂：纯水。

2. 实验流程

分别完成酸式滴定管和碱式滴定管的准备，加入纯水，按照滴定操作要求向锥形瓶中滴入适量的纯水，每次滴入时控制滴定速度，放出后准确读数。

3. 数据记录与处理

将数据记录在表 1-3 和表 1-4 中。

表 1-3 酸式滴定管读数记录

初始读数/mL	滴定后读数/mL	放出纯水的体积/mL

表 1-4 碱式滴定管读数记录

初始读数/mL	滴定后读数/mL	放出纯水的体积/mL

【实验反思】

请结合个人实验演练对酸式滴定管、碱式滴定管的使用前准备工作、滴定手法、读数规则进行总结反思。

【课堂评价】

进行课堂评价并填表 1-5。

表 1-5　课堂评价表

评价项目	分值	评价		
		学生自评 30%	教师评价 70%	综合评价
课前预习 （完成预习并在工作手册中完成填写）	20 分			
课堂表现 （积极参与实验，操作规范）	50 分			
实验数据 （数据记录准确、及时，结果处理准确）	30 分			

【知识拓展】

聚四氟乙烯（PTFE）滴定管属于通用型滴定管，旋塞由聚四氟乙烯材料制成，耐腐蚀、不易吸附溶液、耐高温、不易破碎，同时具有很好的自润滑性，无须涂抹凡士林进行润滑或者密封，既可以盛放碱液，又可以盛放酸液，在实验室中被广泛应用。

任务 1.3　移液管的使用

【实验任务】

完成移液管的清洗、润洗、调刻度操作，练习放出一定体积纯水。

【实验目标】

(1)学习移液管的使用，规范洗涤移液管。

(2)能够准确移取一定体积的溶液至指定容器。

【实验指导】

移液管是准确量取一定体积液体的仪器。移液管上刻有体积和测定体积的温度。使用前，依次用洗涤精(或洗液)、自来水、蒸馏水洗至不挂水珠，最后用少量被量取的液体润洗三遍。

用移液管量取溶液时，右手拇指及中指拿住管颈标线以上部位，使移液管下端伸至溶液液面下约 1 cm 处，不可伸入太浅或太深。左手捏住洗耳球，插入移液管上端口内，然后轻轻吸上溶液，眼睛注意液体上升，管口应随容器中溶液的液面下降而下伸。当溶液上升到标线以上时，迅速用右手食指紧按管口(食指最好是潮而不湿)，将移液管尖嘴从液面下取出，靠在容器壁上，稍微放松食指，使管内液面下降到与标线相切时，立即按紧食指，液体不再流出。把移液管移入接收溶液的容器中，仍要使尖嘴接触器壁，并使容器倾斜及移液管直立。抬起食指，使溶液沿壁自由流下。待溶液全部流尽后，停留 10～15 s，取出移液管。

移液管的使用见图 1-5。

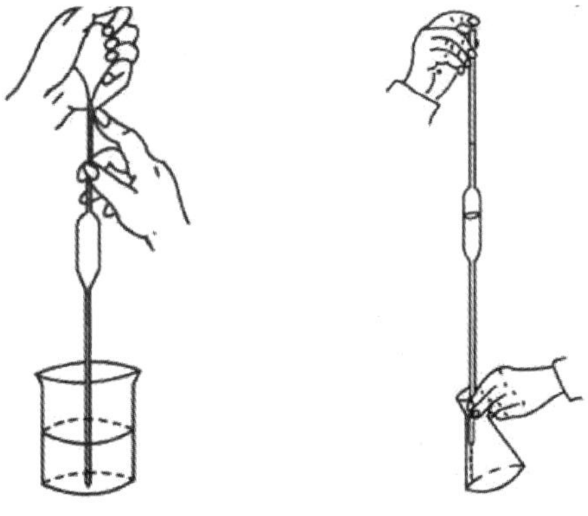

(a) 吸取溶液　　　　(b) 放出溶液

图 1-5　移液管的使用

移液管的使用

扫码观看移液管的使用。

【实操演练】

1. 实验仪器、试剂

仪器：25 mL 移液管、250 mL 锥形瓶、小烧杯。

试剂：纯水。

2. 实验流程

完成移液管的准备，按照操作要求向锥形瓶中加入 25 mL 的纯水。

两人一组，相互考评。

【实验反思】

请结合互评练习成果对移液管的使用前准备工作、调刻度手法、放出溶液规则进行总结反思。

____

____

____

____

____

____

【课堂评价】

进行课堂评价并填表 1-6。

表 1-6　课堂评价表

评价项目	分值	评价		
		学生互评 30%	教师评价 70%	综合评价
课前预习 （完成预习并在工作手册中完成填写）	20 分			
课堂表现 （积极参与实验，操作规范）	50 分			
实验数据 （数据记录准确、及时，结果处理准确）	30 分			

任务 1.4　溶液的配制

【实验任务】

选择合适仪器，完成不同浓度溶液的配制并计算浓度。

【实验目标】

(1)复习分析天平称量规范并使用减量法完成固体试剂称量。

(2)学习容量瓶的使用规范。

(3)练习使用移液管、容量瓶准确配制溶液。

(4)准确计算所配溶液浓度。

【实验指导】

一、溶液配制方法

1.由固体试剂配制溶液

(1)粗略配制：算出配制溶液所需的固体试剂的用量；用台秤称取所需固体，倒入烧杯，加入少量蒸馏水，搅动使固体完全溶解后，用蒸馏水稀释至刻度，即得所需的溶液；将溶液倒入试剂瓶，贴上标签，备用。

(2)准确配制：算出配制给定体积的准确浓度溶液所需固体试剂的用量，用分析天平上准确称取相应质量的试剂，放在干净的烧杯中，加适量蒸馏水使其完全溶解；将溶液转移到所需体积的容量瓶中，用少量蒸馏水洗涤烧杯 2～3 次，将冲洗液移入容量瓶，再加蒸馏水至标线处，盖上塞子，将溶液摇匀即成所配溶液；将溶液移入试剂瓶，贴上标签，备用。

2.由液体试剂配制溶液

(1)粗略配制：根据液体试剂的相对浓度，从有关的表中查出其相应的百分浓度，算出配制一定体积物质的量浓度溶液所需液体或浓溶液的用量；用量筒量取所需的液体，注入装有少量水的带有刻度的烧杯，混合，如果溶液放热，需冷却至室温后，再用水稀释至刻度；搅动，使其均匀，然后移入试剂瓶，贴上标签，备用。

(2)准确配制：算出配制准确浓度溶液所需已知浓度溶液的用量；用移液管吸取所需溶液，注入给定体积的容量瓶，加蒸馏水至标线处，摇匀，倒入试剂瓶，贴上标签，备用。

二、容量瓶的使用

容量瓶是一种细颈梨形的平底玻璃瓶，带有磨口塞子。颈上有标线，一般表示在 20 ℃时，液体充满到标线时的体积。容量瓶是用来精确配制一定体积和一定浓度溶液的量器。

容量瓶在使用前应检查是否漏水。检查的方法：在瓶中注入自来水至标线附近，盖好塞子，左手按住塞子，右手拿住瓶底，将瓶倒立片刻，观察瓶塞周围是否有漏水现象。不漏水方可使用。检查漏水后按常规操作将容量瓶洗净。容量瓶的塞子是磨口的，为了防止打破和张冠李戴，一般用线绳或橡皮圈将它系在瓶颈上。容量瓶的使用如图 1-6 所示。

在配制溶液前，将称好的固体物质放入干净的烧杯，用少量蒸馏水溶解；将杯中的溶液沿玻璃棒小心地转移到容量瓶中，从洗瓶中挤出少量水淋洗烧杯和玻璃棒 2～3 次，将每次

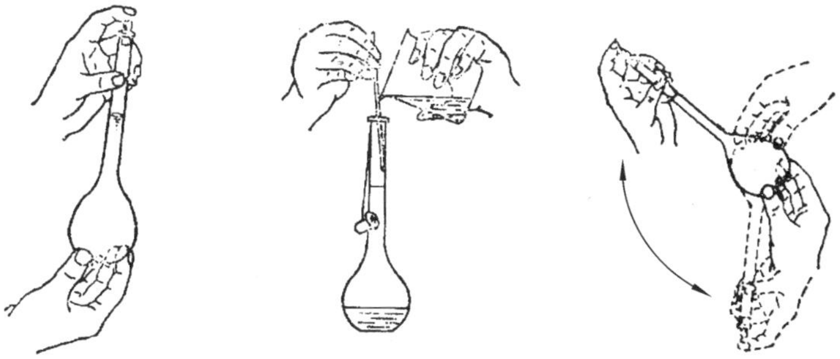

(a) 容量瓶的拿法　　(b) 溶液转移入容量瓶　　(c) 振荡容量瓶

图 1-6　容量瓶的使用

的淋洗液注入容量瓶；加蒸馏水到标线处(加水操作要小心，切勿超过标线)，盖好塞子，将容量瓶倒转多次，在倒转时摇动以保证瓶中溶液浓度均匀。如用浓溶液配制稀溶液，为防止稀释溶液放热使溶液溅出，一般在烧杯中加入少量蒸馏水，将一定体积的浓溶液沿玻璃棒分数次慢慢注入水中，同时搅动，待溶液冷却后，再转移到容量瓶中，最后加蒸馏水到标线并摇匀。

扫码观看容量瓶的使用。

容量瓶的使用

【实操演练】

(1)配制 100.0 mL 0.05 mol/L Na_2CO_3 标准溶液。

**预习要求：请根据任务要求，填写配制溶液所需仪器、试剂表(见表 1-7)。

表 1-7　配制溶液所需仪器、试剂表

仪器、试剂	规格	数量

**预习要求：请简要描述配制 Na_2CO_3 标准溶液的过程中的操作要点。

(2)用准确配制的方法，移取已知浓度 Na_2CO_3 标准溶液 10 mL 配制 50.0 mL Na_2CO_3 标准溶液。

**预习要求：请根据任务要求，填写实验所需仪器、试剂表(见表 1-8)。

表 1-8　实验所需仪器、试剂表

仪器、试剂	规格	数量

** 预习要求：请简要描述液体试剂准确配制溶液过程中的操作要点。

(3)数据记录与处理。

将数据记录在表 1-9 和表 1-10 中。

表 1-9　配制 100.0 mL 0.05mol/L Na_2CO_3 标准溶液数据

序号	倾样前质量/g	倾样后质量/g	样品质量/g	所配溶液浓度/(mol/L)
1				
2				
3				

计算过程：

表 1-10　移取已知浓度 Na_2CO_3 标准溶液 10 mL 配制 50.0 mLNa_2CO_3 标准溶液数据

序号	原溶液浓度/(mol/L)	移取体积/mL	稀释后溶液浓度/(mol/L)
1			
2			
3			

计算过程：

【实验反思】

请结合个人实验演练对准确配制溶液过程中容量瓶、移液管的使用操作及数据结果进行总结反思，并完成 0.05 mol/L HCl 溶液和 0.05 mol/L NaOH 溶液配制流程规划。

【课堂评价】

进行课堂评价并填表 1-11。

表 1-11　课堂评价表

评价项目	分值	评价		
		学生自评 30%	教师评价 70%	综合评价
课前预习 （完成预习并在工作手册中完成填写）	20 分			
课堂表现 （积极参与实验，操作规范）	50 分			
实验数据 （数据记录准确、及时，结果处理准确）	30 分			

任务 1.5 滴定分析基本操作练习

【实验任务】

完成聚四氟乙烯滴定管的清洗、检漏、润洗、调零操作，练习酸碱互滴操作。

【实验目标】

(1)复习移液管的操作，能准确移取一定体积的酸碱溶液。

(2)能正确使用聚四氟乙烯滴定管完成酸碱滴定操作。

(3)初步掌握酸碱滴定终点的判断。

(4)正确读数并记录数据。

【实验指导】

滴定分析法是将一种已知准确浓度的试剂溶液(标准溶液)，滴加到被测物质的溶液中(或将被测物质的溶液滴加到标准溶液中)，直到所加的试剂与被测物质按化学计量关系定量反应，然后根据试剂溶液的浓度和用量，计算被测物质的含量。滴定分析法主要包括酸碱滴定法、配位滴定法、氧化还原滴定法及沉淀滴定法等。

酸碱滴定法是以酸碱反应为基础的滴定分析法。一定浓度的 HCl 溶液和 NaOH 溶液相互滴定，到达终点时，所消耗的两种溶液的体积之比应是一定的，因此，通过滴定分析的练习，可以检验滴定操作技术并提高判断滴定终点的能力。

本实验选用的酸碱指示剂中，甲基橙指示剂的变色范围是 pH3.1(红色)～4.4(黄色)，pH4.0 附近为橙色。用 NaOH 溶液滴定 HCl 溶液时，终点颜色的变化为由红色转变为橙色；用 HCl 溶液滴定 NaOH 溶液时，终点颜色的变化为由黄色转变为橙色。酚酞指示剂的变色范围是 pH8.0(无色)～10.0(红色)，用 NaOH 溶液滴定 HCl 溶液时，终点颜色变化为由无色转变为微红色，并保持 30 s 不褪色。滴定终点的判断是影响滴定分析准确度的重要因素。滴定终点是根据指示剂变色来判断的，绝大多数指示剂变色是可逆的，这有利于练习判断终点。

酸碱滴定操作

扫码观看酸碱滴定操作。

【实操演练】

1. 实验仪器、试剂

仪器：50 mL 聚四氟乙烯酸式滴定管、250 mL 锥形瓶、烧杯。

试剂：0.05 mol/L HCl 溶液、0.05 mol/L NaOH、甲基橙指示剂(0.2%)、酚酞指示剂(0.2%乙醇溶液)。

2. 实验流程

(1)以甲基橙为指示剂，用 HCl 溶液滴定 NaOH 溶液。

使用移液管准确移取 25.00 mL NaOH 溶液于 250 mL 锥形瓶中，加入甲基橙指示剂 2 滴，用 HCl 溶液滴定至溶液刚好由黄色转变为橙色，即为终点。平行滴定三次，要求测定的相对平均偏差在 0.2%以内。

(2)以酚酞为指示剂，用 NaOH 溶液滴定 HCl 溶液。

使用移液管准确移取 25.00 mL HCl 溶液于 250 mL 锥形瓶中，加酚酞指示剂 2～3 滴，用 NaOH 溶液滴定至呈微红色，并保持 30 s 不褪色，即为终点。平行测定三次，要求测定的相对平均偏差在 0.2%以内。

3. 数据记录与处理

将数据记录在表 1-12 和表 1-13 中。

表 1-12　以甲基橙为指示剂，用 HCl 溶液滴定 NaOH 溶液数据

<table>
<tr><td rowspan="2">V_{NaOH}/mL</td><td colspan="3">V_{HCl}</td><td rowspan="2">V_{NaOH}/V_{HCl}</td><td rowspan="2">体积比
平均值</td><td rowspan="2">相对平均
偏差</td></tr>
<tr><td>滴定管
初始读数/mL</td><td>滴定后
读数/mL</td><td>消耗 HCl 溶液
体积/mL</td></tr>
<tr><td></td><td></td><td></td><td></td><td></td><td rowspan="3"></td><td rowspan="3"></td></tr>
<tr><td></td><td></td><td></td><td></td><td></td></tr>
<tr><td></td><td></td><td></td><td></td><td></td></tr>
</table>

表 1-13　以酚酞为指示剂，用 NaOH 溶液滴定 HCl 溶液数据

<table>
<tr><td rowspan="2">V_{HCl}/mL</td><td colspan="3">V_{NaOH}</td><td rowspan="2">V_{NaOH}/V_{HCl}</td><td rowspan="2">体积比
平均值</td><td rowspan="2">相对平均
偏差</td></tr>
<tr><td>滴定管
初始读数/mL</td><td>滴定后
读数/mL</td><td>消耗 NaOH 溶液
体积/mL</td></tr>
<tr><td></td><td></td><td></td><td></td><td></td><td rowspan="3"></td><td rowspan="3"></td></tr>
<tr><td></td><td></td><td></td><td></td><td></td></tr>
<tr><td></td><td></td><td></td><td></td><td></td></tr>
</table>

【实验反思】

请结合个人滴定练习操作，对滴定管的准备、使用、滴定终点的判断及实验误差进行总结反思。

【课堂评价】

进行课堂评价并填表 1-14。

表 1-14　课堂评价表

<table>
<tr><td rowspan="2">评价项目</td><td rowspan="2">分值</td><td colspan="3">评价</td></tr>
<tr><td>学生自评 30%</td><td>教师评价 70%</td><td>综合评价</td></tr>
<tr><td>课前预习
（完成预习并在工作手册中完成填写）</td><td>20 分</td><td></td><td></td><td rowspan="3"></td></tr>
<tr><td>课堂表现
（积极参与实验，操作规范）</td><td>50 分</td><td></td><td></td></tr>
<tr><td>实验数据
（数据记录准确、及时，结果处理准确）</td><td>30 分</td><td></td><td></td></tr>
</table>

任务 1.6 容量仪器校正

【实验任务】

采用绝对校正法对酸式滴定管和移液管进行校正，采用相对校正法对容量瓶进行校正。

【实验目标】

(1)了解容量仪器校正的意义和方法。

(2)初步掌握滴定管和移液管的校正方法。

(3)掌握容量瓶与移液管间相对校正操作。

(4)准确计算校正值。

【实验指导】

欲使分析结果准确，所用容量仪器必须有足够的准确度，但有些容量仪器的体积与标示的体积不完全符合，因此在准确度要求较高的分析工作中，需对容量仪器进行校正。

在实际工作中，容量仪器的校正通常有绝对校正法和相对校正法两种方法。

一、绝对校正法

此方法通常是称量容量仪器中容纳或放出的纯水质量，由 $V_{20}=\frac{m_t}{\rho_t}$ 直接计算出它的体积(V_{20})，又叫称量法。式中：V_{20}为容量仪器在 20 ℃时的体积；m_t为容量仪器中容纳或放出的纯水在大气中、温度为 t 时，以黄铜砝码称量所得的质量；ρ_t为考虑了进行校准时的温度、空气浮力影响后，水在不同温度 t 时的密度(见表 1-15)。

校准后的体积是指该容量仪器在 20 ℃时的体积。

表 1-15 体积为 1 L 的水在不同温度时的质量

t/℃	m/g	t/℃	m/g	t/℃	m/g	t/℃	m/g
10	998.39	16	997.80	22	996.81	28	995.44
11	998.32	17	997.66	23	996.60	29	995.18
12	998.23	18	997.51	24	996.39	30	994.92
13	998.14	19	997.35	25	996.17	31	994.64
14	998.04	20	997.18	26	995.94	32	994.34
15	997.93	21	997.00	27	995.69	33	994.06

二、相对校正法

此方法是用一个已经校准过的容量仪器间接地校正另一个容量仪器。此方法要求两种容量仪器的体积之间有一定的比例关系，如 250 mL 容量瓶的体积应为 25 mL 移液管放出液体体积的 10 倍。在很多情况下，容量瓶与移液管是配合使用的，因此无须知道所用容量瓶的绝对体积，只需要确定容量瓶与移液管的体积比是否正确。

【实操演练】

1. 实验仪器、试剂

仪器：50 mL 酸式滴定管、50 mL 磨口锥形瓶、各规格移液管、250 mL 容量瓶、电子天平。

2. 实验流程

(1)酸式滴定管校正。

将欲校正的酸式滴定管洗净，加入与室温达到平衡的蒸馏水（可事先用烧杯盛蒸馏水，放在称量室内，杯中插有温度计，以测量水温）至“0”刻度以上，调节管内液面至 0.00 mL 处，记录水温(℃)。

称量 50 mL 磨口锥形瓶（磨口及外部保持洁净及干燥）的质量，再以正确操作由滴定管中放出 15.00 mL 水（不必恰等于 15.00 mL，但相差不能大于 0.1 mL，以下同）于上述磨口锥形瓶中（勿将水滴在磨口上）盖紧，称量，两次称量值之差即为滴定管中放出的水的质量。

用同样的方法测得滴定管 0.00～15.00 mL、0.00～20.00 mL、0.00～25.00 mL、0.00～30.00 mL、0.00～35.00 mL、0.00～40.00 mL 刻度间放出的水的质量。由表 1-15 查得校正温度下水的密度，算出滴定管所测各段的真正体积。

称量时称准至 0.01 g，每段重复一次，两次校正值之差不得超过 0.02 mL，结果取平均值。

(2)移液管的校正。

方法同上。根据从不同规格的移液管中放出的水的质量，计算出它的真正体积。每种规格移液管平行校正两次，两次校正值之差不得超过 0.02 mL。

(3)容量瓶的校正。

用已校正的移液管进行相对校正。用 25 mL 移液管移取蒸馏水至洗净且干燥的容量瓶(250 mL)中，移取十次后，仔细观察溶液弯月面是否与标线相切，若不相切，另作一个新的标记。由移液管的真正体积可知容量瓶的体积（至新标线）。经相对校正后的移液管和容量瓶应配套使用。

3. 数据记录与处理

将数据记录在表 1-16 和表 1-17 中。

表 1-16　酸式滴定管校正数据

校正温度：　　℃　　　　校正温度下水的密度：　　g/L

滴定管放出水的间隔读数/mL		放出水的质量/g			真正体积/mL	校正值/mL	校正值的平均值/mL
体积段/mL	$V_水$	$m_瓶$	$m_{瓶+水}$	$m_水$	$V_{20}=m_水/\rho_t$	$V_{20}-V_水$	
0.00～15.00							
0.00～20.00							
0.00～25.00							
0.00～30.00							
0.00～35.00							
0.00～40.00							

表 1-17　移液管校正数据

校正温度：　　℃　　　　校正温度下水的密度：　　g/L

移液管规格/mL	放出水的质量/g			真正体积/mL	校正值/mL	校正值的平均值/mL
	$m_瓶$	$m_{瓶+水}$	$m_水$	$V_{20}=m_水/\rho_t$	$V_{20}-V_水$	

【实验反思】

请结合酸式滴定管、移液管和容量瓶校正操作及数据结果进行总结反思。

______

______

______

______

______

______

【课堂评价】

进行课堂评价并填表 1-18。

表 1-18　课堂评价表

评价项目	分值	评价		
		学生自评 30%	教师评价 70%	综合评价
课前预习 （完成预习并在工作手册中完成填写）	20 分			
课堂表现 （积极参与实验，操作规范）	50 分			
实验数据 （数据记录准确、及时，结果处理准确）	30 分			

任务 1.7　过滤与加热(复盐制备)

【实验任务】

练习普通过滤、减压过滤、水浴加热等基本操作,制备复盐硫酸亚铁铵,采用目测比色法检验成品。

【实验目标】

(1)掌握普通过滤、减压过滤、水浴加热等基本操作。

(2)制备复盐硫酸亚铁铵和配制 Fe^{3+} 标准溶液。

(3)掌握目测比色法检验样品的方法。

【实验指导】

一、过滤方法

普通(常压)过滤、减压过滤和加热过滤是常用的过滤方法。

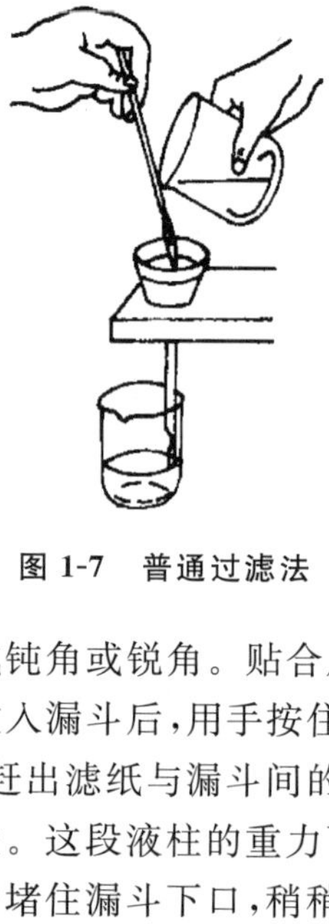

图 1-7　普通过滤法

1. 普通过滤

此法通常使用 60°角的圆锥形玻璃漏斗和滤纸,如图 1-7 所示。放进漏斗的滤纸的边缘应比漏斗的边缘略低。先将滤纸润湿,然后过滤。倾入漏斗的液体的液面应比滤纸的边缘低 1 cm。

不同滤纸的纤维组织疏紧程度不同,过滤速度也不同。过滤无定形沉淀[如 $Fe(OH)_3$ 等]可选用疏松快速型滤纸;过滤晶形沉淀(如 CaC_2O_4 等)可选用中等疏松度的中速型滤纸;过滤微细形沉淀(如 $BaSO_4$ 等)可选用组织最紧密的慢速型滤纸。

折叠普通过滤所用滤纸的方法如图 1-8 所示。用清洁、干燥的手将滤纸对折,根据漏斗角的大小,再对折滤纸,张开成圆锥形,放入清洁且干燥的漏斗内,如滤纸与漏斗不贴合,改折滤纸成钝角或锐角。贴合后,将 3 层滤纸一边的外层撕下一个小角,以便内层更贴紧漏斗。滤纸放入漏斗后,用手按住 3 层滤纸的一边,用洗瓶挤水湿润滤纸,用清洁的手指小心按压滤纸,赶出滤纸与漏斗间的气泡,使滤纸与漏斗贴紧;向滤纸中加水至滤纸边缘,漏斗颈内形成水柱。这段液柱的重力可起到抽滤的作用,可加快过滤速度。若不能很好地形成水柱,可用手指堵住漏斗下口,稍稍掀起滤纸一边,用洗瓶向滤纸和漏斗的空隙处加水充满,压紧滤纸边后松开手指。

图 1-8　滤纸折叠法

过滤有机液体中的大颗粒干燥剂时，可在漏斗颈部的上口轻轻地放置少量疏松的棉花或玻璃毛，以代替滤纸。如果过滤的沉淀物粒子细小或具有黏性，应该首先使溶液静置，然后过滤上层的澄清部分，最后把沉淀移到滤纸上，这样可以使过滤速度加快。

2. 减压过滤(抽气过滤)

减压过滤通常使用瓷质的布氏漏斗，漏斗配以橡皮塞，装在玻质吸滤瓶上，吸滤瓶的支管用橡皮管与抽气装置连接。若用水泵，吸滤瓶与水泵之间宜连接一个缓冲瓶(配有二通旋塞的吸滤瓶，调节旋塞可以防止水倒吸)；若用油泵，吸滤瓶与油泵之间应连接吸收水气的干燥装置和缓冲瓶。滤纸应剪成比漏斗内径略小的圆形，但应能完全盖住所有小孔。

过滤时，应先用溶剂把平铺在漏斗上的滤纸润湿。然后开动水泵(或油泵)，使滤纸紧贴在漏斗上。小心地把要过滤的混合物倒入漏斗中，使固体均匀地分布在整个滤纸面上，一直抽气到几乎没有液体滤出时为止。为了尽量把液体除净，可用玻璃瓶塞压挤过滤的固体——滤饼。

在漏斗上洗涤滤饼的方法：把滤饼尽量抽干、压干；缓慢开启缓冲瓶上的二通旋塞，吸入空气恢复常压，把少量溶剂均匀地洒在滤饼上，使溶剂恰能盖住滤饼；静置片刻，使溶剂渗透滤饼，待有滤液从漏斗下端滴下时，重新抽气，把滤饼尽量抽干、压干；这样反复几次，就可把滤饼洗净。注意：在停止抽滤时，应该先打开旋塞，再关闭抽气泵。

减压过滤的优点：过滤和洗涤的速度快，液体和固体分离得较完全，滤出的固体容易干燥。

强酸性或强碱性溶液过滤时，应在布氏漏斗上铺玻璃布或涤纶布来代替滤纸。

扫码观看过滤操作。

过滤操作

3. 加热过滤

用锥形的玻璃漏斗过滤热的饱和溶液时，漏斗中或其颈部常析出晶体，使过滤困难。这时可用保温漏斗过滤。保温漏斗的外壳是铜制的，里面插一个玻璃漏斗，在外壳与玻璃漏斗之间装水，在外壳的支管外加热，即可把夹层中的水烧热而使漏斗保温。加热过滤如图 1-9 所示。

图 1-9　加热过滤

为了尽量利用滤纸的有效面积以加快过滤速度，过滤热的饱和溶液时，常使用折叠式滤纸，其折叠方法如图 1-10 所示。先把滤纸折成半圆形，再对折成圆形的 1/4，再以 1 对 4 折出 5、3 对 4 折出 6，以 1 对 6 折出 7、3 对 5 折出 8，以 3 对 6 折出 9、1 对 5 折出 10，然后在 1 和 10、10 和 5、5 和 7、7 和 4、4 和 8、8 和 6、6 和 9、9 和 3 间反向折叠，把滤纸打开，在 1 和 3 的地方各向内折叠一个小叠面，即可做成如图 1-10 所示的折叠滤纸。在每次折叠时，在折纹近集中点处切勿重压折纹，否则在过滤时滤纸的中央易破裂。使用前宜将折好的折叠滤纸翻转并整理后放入漏斗。过滤时，把热的饱和溶液逐渐倒入漏斗，在漏斗中的液体仍不宜积累太多，以免析出晶体，堵塞漏斗。也可用布氏漏斗趁热进行减压过滤。为了避免漏斗破裂和漏斗中析出晶体，最好先用热水浴或水蒸气浴，或在电烘箱中把漏斗预热，然后用来进行减压过滤。

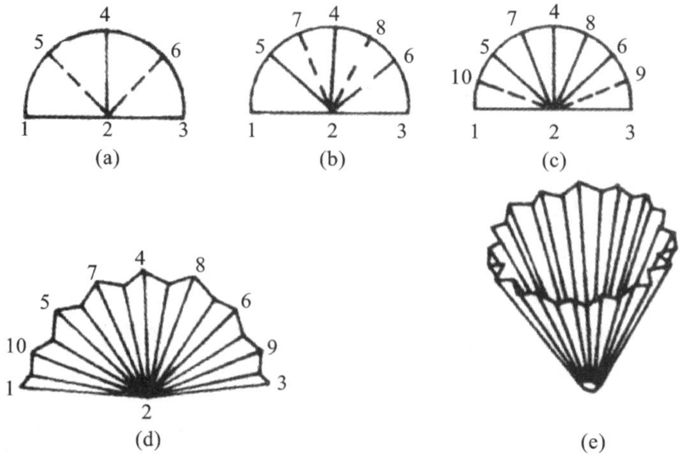

图 1-10　折叠滤纸

4. 离心分离法

如果被分离的溶液和沉淀的量很少，常采用离心分离法代替过滤，离心分离在离心机上进行。事先在离心机的对称管套底部垫点棉花，然后将盛有待分离的沉淀和溶液的离心试管插入已垫棉花的离心机套管，在与之对称的另一个管套内也放入盛有相等体积水的离心试管，以便离心机在旋转时内臂保持平衡，而不致损坏离心机机轴。旋转离心机调速钮，逐渐加速，停止离心时，应让离心机自然停止转动，以防损坏离心机。取出离心试管，用滴管轻轻吸取上层清液，使沉淀与溶液分离。若沉淀需洗涤，可将洗涤液滴入试管，充分搅拌后再进行离心分离，重复 2～3 次即可。

二、加热方法

加热方法可分为直接加热和间接加热两种。直接加热是将盛放被加热物的器皿直接放在热源中加热，间接加热是将盛放被加热物的器皿放在加热介质中加热。

1. 直接加热

(1)液体的直接加热。根据液体量多少及蒸发快慢，液体可在试管、烧杯(见图 1-11)和蒸发皿中加热。在试管中加热液体时，液体量不能超过试管体积的 1/3；加热时，试管口不应对着别人和自己，以免液体喷出烫伤；应先加热液体中上部，后加热底部，并上下移动，以使液体受热均匀。在烧杯、烧瓶中加热液体时，液体量不应超过烧杯体积的 1/2 和烧瓶体积的 1/3。为使加热均匀，应在烧杯或烧瓶下面垫上石棉网；烧杯加热时应搅拌；烧瓶加热时视情况放入几粒沸石，以免产生爆沸。蒸发浓缩时常在蒸发皿中进行，蒸发皿具有大的蒸发表面，有利液体蒸发。液体量不应超过蒸发皿容量的 2/3。加热稳定的物质时，可直接在火源中加热，否则应采用水浴加热。

(2)固体的直接加热。根据加热程度不同，固体可在试管、坩埚和马弗炉中加热，只需干燥固体时，可在试管中加热。加热时，试管口略向下倾斜，以防凝结在管口处的水珠倒流使试管破裂。需高温灼烧或熔融固体时，使用坩埚加热。加热前，应根据被灼烧物性质选择不同材质的坩埚(如瓷坩埚、氧化铝坩埚、金属坩埚等)。加热时先小火后大火，灼烧完毕后，必须用干净的且在火焰上预热过的坩埚钳夹取高温的坩埚。为保持坩埚钳夹嘴的洁净，坩埚

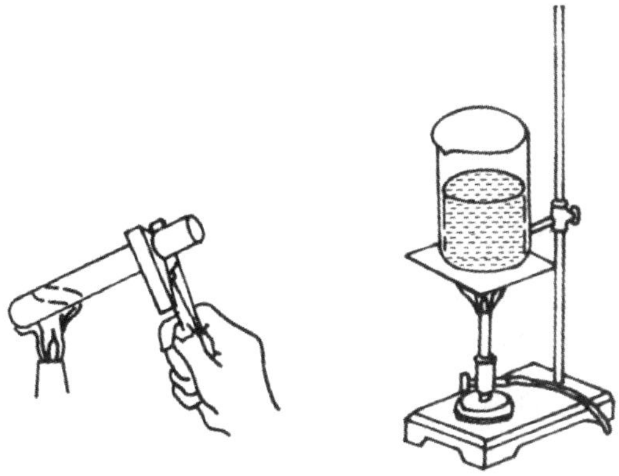

(a) 加热试管中的液体　　(b) 加热烧杯中的液体

图 1-11　液体的直接加热

钳使用后，将夹嘴朝上放在实验台上。所需加热温度更高且被加热物为不易挥发的腐蚀性物质时，可在用电源加热的马弗炉中进行加热。马弗炉温度一般可达 950 ℃左右，有的可达 1300 ℃左右。其感温元件是热电偶温度计，热电偶由两根不同的金属丝焊接而成（如铬镍-镍铝、铂-铂铑等，不同热电偶测温范围不同），焊接端插入炉内，未焊接端分别与电压表正、负极连接，不同温度则产生不同的热电势，电压表上显示不同的毫伏数，不同的毫伏数换算成不同的温度值。固体的直接加热如图 1-12 所示。

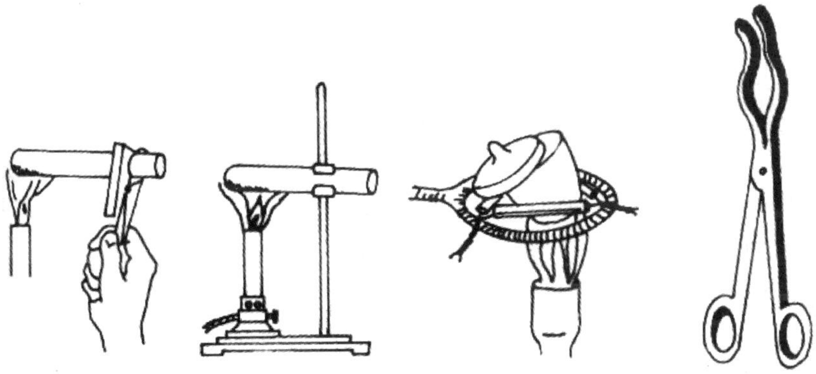

(a) 加热试管中的固体　　(b) 加热坩埚中的固体　　(c) 坩埚钳

图 1-12　固体的直接加热

2. 间接加热

（1）水（液）浴加热。水浴加热在水浴锅上进行。水浴锅盖由一组大小不同的同心金属圆环组成，依加热所用器皿大小去掉盖中间部分圆环，在使器皿不至于掉入锅内的情况下，尽可能使器皿具有较大的受热面积。所需加热温度低于 100 ℃时，锅内加水作为热浴液；所需加热温度稍超过 100 ℃时，用无机盐饱和水溶液作为热浴液。

扫码观看水浴锅使用。

水浴锅使用

（2）油浴加热。用较高温度下不分解的油类物质（如石蜡油可加至热 200 ℃，甘油可加热至 220 ℃，硅油和真空泵油可加热至 250 ℃等）代替水浴锅中的水进行的加热称为油浴加热。为安全起见，油浴加热最好使带套电热丝浸入油内，电阻丝与电源调压器连接，实现非明火控温油浴加热。油浴加热时，应在锅内插入一支温度计控制温度。操作时，不要将水溅入油浴锅内，出现严重冒烟情况应立即停止加热。

(3)砂浴加热。如果所需加热温度超过油浴所能提供的加热温度，应用砂浴加热。在铁盘中装一层均匀的细砂，需加热的器皿部分被埋入砂中，用明火加热。

【实操演练】

1. 实验仪器、试剂

仪器：250 mL 锥形瓶 1 只，150 mL、400 mL 烧杯各 1 只，20 mL、15 mL 量筒各 1 只，台秤，漏斗，漏斗架，布氏漏斗，抽滤瓶，真空泵，蒸发皿，比色管，水浴锅。

试剂：HCl(2.0 mol/L)、H_2SO_4(3.0 mol/L)、NaOH(1.0 mol/L)、Na_2CO_3(1.0 mol/L)、KSCN(1.0 moL/L)、$(NH_4)_2SO_4$(s)、铁屑、乙醇(95%)、Fe^{3+}标准溶液 3 份。

其他材料：pH 试纸，滤纸。

2. 实验流程

三人一组，完成硫酸亚铁铵制备及检测。

(1)铁屑油污的除去。称取 2 g 铁屑，放入锥形瓶(250 mL)，加入 Na_2CO_3 溶液(1.0 mol/L)20 mL，小心加热约 10 min，以除去铁屑表面的油污。倾析除去碱液，并用水将铁屑洗净。

(2)硫酸亚铁的制备。在盛有洗净铁屑的锥形瓶中加入 H_2SO_4 溶液(3.0 mol/L)15 mL，放在水浴上加热，使铁屑与稀硫酸发生反应(在通风橱中进行)。在反应过程中要适当添加去离子水，以补充蒸发掉的水分。当反应进行到不再产生气泡时，表示反应基本完成。

$$Fe + H_2SO_4 \longrightarrow FeSO_4 + H_2\uparrow$$

用普通漏斗趁热过滤反应完成的溶液，将滤液盛于蒸发皿。将锥形瓶和滤纸上的残渣洗净，收集在一起，用滤纸吸干后称其质量，算出已作用的铁屑的质量。

(3)硫酸铵饱和溶液的配制。根据已作用的铁的质量和反应式中的物量关系，计算出所需$(NH_4)_2SO_4$的质量和室温下配制硫酸铵饱和溶液所需水的体积。根据计算结果，在烧杯中配制$(NH_4)_2SO_4$饱和溶液。

(4)硫酸亚铁铵的制备。将$(NH_4)_2SO_4$饱和溶液倒入盛 $FeSO_4$ 溶液的蒸发皿，混匀后，用 pH 试纸检验溶液的 pH 值是否为 1～2，若酸度不够，用 H_2SO_4 溶液(3.0 mol/L)调节。在水浴上蒸发混合溶液，浓缩至表面出现晶体膜(注意蒸发过程中不宜搅动)。静置，让溶液自然冷却，冷至室温时，便析出硫酸亚铁铵晶体。

硫酸亚铁溶液与硫酸铵溶液作用，生成溶解度比 $FeSO_4$、$(NH_4)_2SO_4$均小的硫酸亚铁铵复盐晶体：

$$FeSO_4 + (NH_4)_2SO_4 + 6H_2O \longrightarrow FeSO_4 \cdot (NH_4)_2SO_4 \cdot 6H_2O$$

抽滤至干，再用 5 mL 乙醇溶液淋洗晶体，以除去晶体表面附着的水分。继续抽干，取出晶体，在表面皿上晾干。称其质量，并计算产率。

(5)Fe^{3+}的限量分析。用烧杯将去离子水煮沸 5 min，以除去溶解的氧，盖好，冷却后备用。称取 1.00 g 产品，置于比色管中，加 10.0 mL 备用的去离子水，溶解产品，再加入 2.00 mL HCl 溶液(2.0 mol/L)和 0.50 mL KSCN 溶液(1.0 mol/L)，最后以备用的去离子水稀释到 25.00 mL，摇匀。与标准溶液进行目测比色，以确定产品等级。

3. 数据记录与处理

将数据记录在表 1-19 中。

表 1-19　硫酸亚铁铵制备数据

已作用的铁的质量/g	$(NH_4)_2SO_4$饱和溶液		$FeSO_4 \cdot (NH_4)_2SO_4 \cdot 6H_2O$			
	$(NH_4)_2SO_4$质量/g	H_2O体积/mL	理论产量/g	实际产量/g	产率/(%)	级别

【实验反思】

请结合小组合作制备复盐过程中的过滤操作、加热操作及产量、产率、产品级别等实验结果进行总结反思。

______

______

______

______

______

______

【课堂评价】

进行课堂评价并填表 1-20。

表 1-20　课堂评价表

评价项目	分值	评价		
		学生自评 30%	教师评价 70%	综合评价
课前预习（完成预习并在工作手册中完成填写）	20 分			
课堂表现（积极参与实验，操作规范）	50 分			
实验数据（数据记录准确、及时，结果处理准确）	30 分			

【知识拓展】

(1)复盐是由两种或两种以上的简单盐类组成的晶体化合物，在溶液中仍能电离为简单盐的离子。硫酸亚铁铵就是其中的一种，又称摩尔盐，是浅蓝绿色单斜晶体，在空气中比一般亚铁简单盐稳定，不易被氧化，所以是化学分析中常用的还原剂。它能溶于水，难溶于乙醇。

(2)目测比色法是确定杂质含量的一种方法。根据杂质含量可定出产品的级别。将制得的产品配成溶液后与各已知浓度标准溶液（标准溶液需自己配制）进行比色，产品溶液的颜色比某一浓度标准溶液的颜色浅时，就确定杂质含量低于该浓度的标准溶液中杂质的含量，即所谓低于某一规定的限度，故这种方法称为限量分析法。

项目二　常用标准溶液的标定

【学习目标】

1. 知识目标

(1)了解标准溶液标定原理。

(2)熟悉标准溶液标定时指示剂选择。

2. 能力目标

(1)准确使用电子天平称量基准物质。

(2)规范配制不同类型的标准溶液并完成标定。

(3)准确记录标定过程数据,完成溶液浓度计算处理。

3. 素质目标

(1)培养标准化意识和质量意识。

(2)养成认真负责、严谨求实的工作态度。

【知识引导】

标准溶液是具有准确浓度的溶液,用于滴定待测样品。标准溶液浓度的准确度直接影响分析结果的准确度。因此,配制标准溶液在方法、使用仪器、量具和试剂等方面都有严格的要求。

一、配制方法

标准溶液配制有直接法和标定法两种。

1. 直接法配制标准溶液

用分析天平准确称取一定量基准物质,溶解后配成一定体积(溶液的体积需用容量瓶精确确定)的溶液;根据物质的质量和溶液体积,计算出该溶液的准确浓度。

2. 标定法配制标准溶液

很多物质(如 NaOH、HCl 等)不是基准物质,不能用来直接配制标准溶液。按照一般溶液的配制方法先配成近似于所需浓度的溶液,再用基准物质或另一种已知准确浓度的标准溶液测出它的准确浓度,这个过程叫作标定,这种配制标准溶液的方法叫作标定法。用基准物质来进行标定,可采用下列两种方式。

(1)称量法:准确称取 n 份基准物质分别溶于适量水中,用待标定溶液滴定,根据待标定溶液所消耗的体积,计算出其准确浓度。

(2)移液管法:准确称取较大一份基准物质,在容量瓶中配成一定体积的溶液;标定前,先用移液管移取 $1/n$ 整份(如用 25 mL 移液管从 250 mL 容量瓶中每份移取 1/10),分别用待标定的溶液滴定；记录待标定溶液的体积，计算其浓度。

**预习要求：请根据试剂特点，区分不同标准溶液的配制方法，填写表 2-1。

表 2-1　不同标准溶液的配制方法

溶液	配制方法
0.1 mol/L NaOH 溶液	
0.02 mol/L EDTA 溶液	
0.05 mol/L I_2溶液	
0.10 mol/L $AgNO_3$溶液	
0.50 mol/L $K_2Cr_2O_7$溶液	
0.02 mol/L NaCl 溶液	

二、基准物质

用来直接配制标准溶液或标定溶液浓度的物质称为基准物质。

基准物质应符合下列要求。

(1)物质的组成应与化学式完全相符。若含结晶水，其结晶水的含量也应与化学式相符，如草酸 $H_2C_2O_4 \cdot 2H_2O$，硼砂 $Na_2B_4O_7 \cdot 10H_2O$ 等。

(2)试剂的纯度要足够高，一般要求其纯度应在 99.9%以上，杂质含量应少到不影响分析的准确度。

(3)试剂在一般情况下应该很稳定，如不易吸收空气中的水和 CO_2，也不易被空气氧化等。

(4)试剂最好有比较大的摩尔质量。这样一来，对相同摩尔数而言，称量时取量较多，可以使称量相对误差减小。

(5)试剂参加反应时，应按反应方程式定量进行，应没有副反应。

三、标准溶液浓度的温度补正值

在使用标准溶液的过程中，温度补正是保证实验数据准确性的重要环节。标准溶液在标定及使用过程中，体积会随着环境温度的变化而变化，当标准溶液和使用的环境温度不同时，统一补正到 20 ℃。不同温度下标准溶液体积补正值见表 2-2。

表 2-2　不同温度下标准溶液体积补正值

温度/℃	补正值/(mL/L)					
	水和 0.05 mol/L 以下的各种水溶液	0.1～0.2 mol/L 的各种水溶液	0.5 mol/L 盐酸溶液	1 mol/L 盐酸溶液	0.5 mol/L ($1/2H_2SO_4$) 硫酸溶液、0.5 mol/L NaOH 溶液	0.5 mol/L 硫酸溶液、1 mol/L NaOH 溶液
15	+0.77	+0.9	+0.9	+1.0	+1.1	+1.3
16	+0.64	+0.7	+0.8	+0.8	+0.9	+1.1
17	+0.50	+0.6	+0.6	+0.6	+0.7	+0.8
18	+0.34	+0.4	+0.4	+0.4	+0.5	+0.6
19	+0.18	+0.2	+0.2	+0.2	+0.2	+0.3
20	0.00	0.00	0.00	0.00	0.00	0.00
21	−0.18	−0.2	−0.2	−0.2	−0.2	−0.3
22	−0.38	−0.4	−0.4	−0.5	−0.5	−0.6
23	−0.58	−0.6	−0.7	−0.7	−0.8	−0.9
24	−0.80	−0.9	−0.9	−1.0	−1.0	−1.2
25	−1.03	−1.1	−1.1	−1.2	−1.3	−1.5
26	−1.26	−1.4	−1.4	−1.4	−1.5	−1.8
27	−1.51	−1.7	−1.7	−1.7	−1.8	−2.1
28	−1.76	−2.0	−2.0	−2.0	−2.1	−2.4
29	−2.01	−2.3	−2.3	−2.3	−2.4	−2.8
30	−2.30	−2.5	−2.5	−2.6	−2.8	−3.2
31	−2.58	−2.7	−2.7	−2.9	−3.1	−3.5
32	−2.86	−3.0	−3.0	−3.2	−3.4	−3.9
33	−3.04	−3.2	−3.3	−3.5	−3.7	−4.2
34	−3.47	−3.7	−3.6	−3.8	−4.1	−4.6
35	−3.78	−4.0	−4.0	−4.1	−4.4	−5.0
36	−4.10	−4.3	−4.3	−4.4	−4.7	−5.3

由表 2-2 可以看出，1 L 各种标准溶液由温度 t 换算成 20 ℃时体积补正值有如下特征：$t<20$ ℃时，补正值为正；$t>20$ ℃时补正值为负。使用方法：测量标准溶液的温度，根据溶液的种类及浓度从表中查出补正值 A，设标准溶液的消耗体积为 V，则补正后的值$=A\times V/1000+V$。

【素质拓展】

项目二中仅介绍常见几种标准溶液配制方法，具体各类标准溶液可参照国标《化学试剂 标准滴定溶液的制备》(GB/T 601—2016)的要求制备。(扫码查看标准链接)

《化学试剂 标准滴定溶液的制备》

任务 2.1 盐酸标准溶液的配制及标定

【实验任务】

以无水碳酸钠为基准物质，用移液管法完成 0.1 mol/L HCl 溶液的配制及标定，正确记录、处理实验数据。

【实验指导】

盐酸是氯化氢的水溶液，工业用途广泛。工业盐酸是指工业生产所得浓度为 30%或 36%的盐酸，其主要成分是氯化氢，化学式为 HCl，相对分子质量为 36.46。盐酸为无色或微黄色易挥发液体，有刺激性气味，具有强腐蚀性。

在分析化学中，用酸来测定碱的浓度时，一般都用盐酸来滴定。用强酸滴定可使终点更明显，从而使得到的结果更精确。市售盐酸试剂密度为 1.19 g/mL，含量约 37%，浓度约为 12 mol/L。浓盐酸易挥发，不能直接配成准确浓度的盐酸溶液，因此在使用时采用标定的方法进行配制，即先将浓盐酸稀释成所需浓度的近似浓度，用基准物质进行标定。常用的基准物质是无水 Na_2CO_3。

【实操演练】

1. 实验仪器、试剂

仪器：聚四氟乙烯滴定管（50 mL）、锥形瓶（250 mL）、容量瓶（250 mL）、移液管（25 mL）、烧杯（100 mL、500 mL）。

试剂：HCl(AR)、无水碳酸钠、甲基橙指示剂（0.2%）。

2. 实验流程

（1）两人一组配制 500 mL 0.1 mol/L HCl 溶液。

按照实验室危险化学品领用规范，领取浓盐酸试剂，并进行使用登记。计算所需浓盐酸体积，用量筒量取适量浓盐酸，按照溶液配制规范完成配制并装入试剂瓶，贴好标签备用。

**预习要求：请根据溶液浓度要求计算所需浓盐酸体积，根据盐酸试剂特点完成配制流程规划，并注明安全操作要点。

____

____

____

____

____

____

（2）以甲基橙为指示剂，标定 0.1 mol/L HCl 溶液。

用减量法准确称取无水碳酸钠 1.2～1.5 g，置于小烧杯中，加少量水搅拌溶解后，定量转入 250 mL 容量瓶中，用水稀释至刻度，摇匀，作为标准溶液备用。

用移液管移取 25.00 mL 上述碳酸钠标准溶液于 250 mL 锥形瓶中，加入 1 滴甲基橙指示剂，用 HCl 溶液滴定至溶液刚好由黄色变为橙色（终点），记下所消耗的 HCl 溶液的体积，平行测定三次，并进行温度补正，计算 HCl 溶液的浓度。

**预习要求：请提前写出盐酸标定反应方程式，并根据方程式列出盐酸浓度计算公式。

____

____

____

____

____

____

3. 数据记录与处理

将数据记录在表 2-3 中。

表 2-3　盐酸标准溶液的标定数据

项目		次数 1	次数 2	次数 3
称量基准物质	倾样前质量/g			
	倾样后质量/g			
	$m_{Na_2CO_3}$/g			
消耗盐酸体积	滴定管初读数/mL			
	滴定管终读数/mL			
	V_{HCl}/mL			
温度补正	溶液温度			
	V_{20}/mL			
盐酸溶液浓度	C_{HCl}/(mol/L)			
	$\overline{C}_{HCl}$/(mol/L)			
相对平均偏差				

计算过程：

【实验反思】

请结合个人实验演练对移液管法标定盐酸溶液的过程及数据结果进行总结反思。

____

____

____

____

____

____

【课堂评价】

进行课堂评价并填表 2-4。

表 2-4 课堂评价表

评价项目	分值	评价		
		学生自评 30%	教师评价 70%	综合评价
课前预习 (完成预习并在工作手册中完成填写)	20 分			
课堂表现 (积极参与实验,操作规范)	50 分			
实验数据 (数据记录准确、及时,结果处理准确)	30 分			

【知识拓展】

盐酸是一种强酸,它与某些金属、金属氧化物、金属氢氧化物以及大多数金属盐类,都能发生反应,生成盐酸盐。因此,盐酸广泛用于染料、医药、食品、印染、皮革、冶金等行业。随着有机合成工业的发展,盐酸的用途更广泛,如合成 PVC 塑料的原料氯乙烯、二氯乙烷、聚碳酸酯的前体双酚 A、催化胶黏剂聚乙烯醇缩甲醛、抗坏血酸等。

石油工业也常用盐酸:将盐酸注入油井中以溶解岩石,形成一个巨大的空洞。此法在北海油田的石油开采工业中经常用到。

任务 2.2　氢氧化钠标准溶液的配制及标定

【实验任务】

以邻苯二甲酸氢钾为基准物质，用称量法完成 0.1 mol/L NaOH 溶液配制及标定，正确记录、处理实验数据。

【实验指导】

氢氧化钠(NaOH)，俗名苛性钠、烧碱、火碱、片碱，是一种白色的固体，易溶于水，呈强碱性，是一种无机化合物，相对分子质量为 39.9970。氢氧化钠具有强碱性，腐蚀性极强，可作酸中和剂、配合掩蔽剂、沉淀剂、沉淀掩蔽剂、显色剂、皂化剂、去皮剂、洗涤剂等，用途非常广泛。

氢氧化钠易吸收 CO_2 和水，不能直接法配制标准溶液，需要先配成近似浓度溶液，再使用基准物质邻苯二甲酸氢钾($C_8H_5KO_4$，缩写为 KHP)进行标定，反应如下：

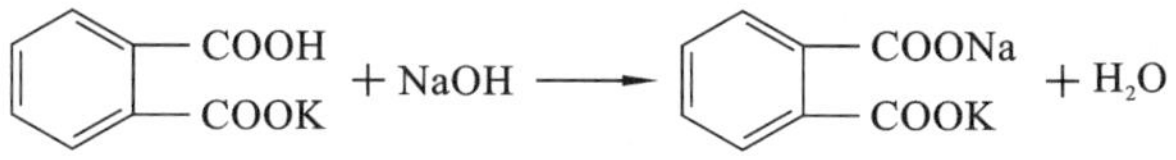

【实操演练】

1. 实验仪器、试剂

仪器：聚四氟乙烯滴定管(50 mL)、锥形瓶(250 mL)、烧杯(100 mL、500 mL)、量筒(50 mL)。

试剂：NaOH(AR)、邻苯二甲酸氢钾、酚酞指示剂(0.2%乙醇溶液)。

2. 实验流程

(1)两人一组配制 500 mL 0.1 mol/L NaOH 溶液。

按照实验室危险化学品领用规范，领取氢氧化钠试剂，并进行使用登记。计算所需 NaOH 质量并称量，按照溶液配制规范完成配制并装入试剂瓶，贴好标签备用。

**预习要求：请根据溶液浓度要求计算所需 NaOH 质量，根据 NaOH 试剂特点完成配制流程规划，并注明安全操作要点。

____

____

____

____

____

____

(2)以酚酞为指示剂，标定 0.1 mol/L NaOH 溶液。

在分析天平上用减量法准确称量邻苯二甲酸氢钾三份，每份 0.4～0.5 g，分别放在 250 mL 锥形瓶中，加入 50 mL 蒸馏水，加热溶解(不沸腾)，冷却到室温。加 2 滴酚酞指示剂，用 NaOH 溶液滴定至溶液刚好由无色呈现粉红色，并保持半分钟不褪色。记录所消耗的 NaOH 溶液的体积，计算 NaOH 溶液的浓度。

**预习要求：请根据 NaOH 溶液标定反应方程式，列出 NaOH 标准溶液浓度计算公式。

____

____

____

____

____

3. 数据记录与处理

将数据记录在表 2-5 中。

表 2-5　氢氧化钠标准溶液的标定数据

项目		次数		
		1	2	3
称量基准物质	倾样前质量/g			
	倾样后质量/g			
	m_{KHP}/g			
消耗 NaOH 溶液体积	滴定管初读数/mL			
	滴定管终读数/mL			
	V_{NaOH}/mL			
温度补正	溶液温度			
	V_{20}/mL			
NaOH 溶液浓度	C_{NaOH}/(mol/L)			
	$\overline{C}_{NaOH}$/(mol/L)			
相对平均偏差				

计算过程：

【实验反思】

请结合个人实验演练对称量法标定 NaOH 标准溶液的过程及数据结果进行总结反思。

____

____

____

____

____

____

【课堂评价】

进行课堂评价并填表 2-6。

表 2-6 课堂评价表

评价项目	分值	评价		
		学生自评 30%	教师评价 70%	综合评价
课前预习 （完成预习并在工作手册中完成填写）	20 分			
课堂表现 （积极参与实验，操作规范）	50 分			
实验数据 （数据记录准确、及时，结果处理准确）	30 分			

【知识拓展】

在化学实验中，氢氧化钠除了用作试剂以外，由于其有很强的吸湿性，还可用作碱性干燥剂。氢氧化钠在国民经济中有广泛应用，使用氢氧化钠最多的行业是化学药品制造业，其次是造纸、炼铝、炼钨、人造丝、人造棉和肥皂制造业。另外，在生产染料、塑料、药剂及有机中间体，旧橡胶的再生，制金属钠，水的电解以及无机盐生产，制取硼砂、铬盐、锰酸盐、磷酸盐等中，也要使用大量的氢氧化钠。

任务 2.3　EDTA 标准溶液的配制及标定

【实验任务】

完成 0.01 mol/L EDTA 溶液配制及标定，正确记录、处理实验数据。

【实验指导】

乙二胺四乙酸又叫作 EDTA，化学分析中常用它的二钠盐，即乙二胺四乙酸二钠（$C_{10}H_{14}N_2Na_2O_8$），习惯上也称为 EDTA，相对分子质量为 336.206。乙二胺四乙酸二钠为无味无臭或微咸的白色或乳白色结晶或颗粒状粉末，能溶于水，极难溶于乙醇。

EDTA 溶液可用基准物质 $CaCO_3$ 标定，以铬黑 T 作指示剂，用氨性缓冲溶液控制溶液酸度为 pH=10 时，EDTA 可与 Ca^{2+} 反应生成稳定的 1∶1 型的配合物，滴定终点为溶液由酒红色变为纯蓝色。

【实操演练】

1. 实验仪器、试剂

仪器：天平（0.1 g、0.1 mg 精度）、聚四氟乙烯滴定管（50 mL）、锥形瓶（250 mL）、容量瓶（250 mL）、烧杯（100 mL）、移液管（25 mL）、量筒。

试剂：$CaCO_3$（基准）、EDTA 二钠盐、HCl（1∶1）、铬黑 T 指示剂、氨性缓冲溶液。

2. 实验流程

（1）两人一组配制 500 mL 0.01 mol/L EDTA 溶液。

按照实验室化学品领用规范，领取乙二胺四乙酸二钠试剂，并进行使用登记。计算所需乙二胺四乙酸二钠质量并称量，按照溶液配制规范完成配制并装入试剂瓶，贴好标签备用。

** 预习要求：请根据溶液浓度要求计算所需乙二胺四乙酸二钠质量，根据试剂特点完成配制流程规划，并注明安全操作要点。

____

____

____

____

____

____

（2）选用 $CaCO_3$ 基准物质标定 EDTA 溶液。

在电子天平上准确称取 0.3 g 左右 $CaCO_3$，置于小烧杯中，先用少量水润湿，缓缓滴加 HCl（1∶1）至 $CaCO_3$ 全部溶解后，定容至 250 mL 容量瓶中，摇匀。

用移液管移取 25.00 mL$CaCO_3$ 标准溶液于 250 mL 锥形瓶，加 10 mL 氨性缓冲溶液和少许铬黑 T 指示剂，用 EDTA 溶液滴定至溶液由酒红色变为纯蓝色（终点）。平行测定三份，计算 EDTA 溶液的浓度。

**预习要求：请根据 EDTA 可与 Ca^{2+} 反应生成稳定的 1∶1 型的配合物，列出 EDTA 溶液浓度计算公式。

____

____

____

____

____

3. 数据记录与处理

将数据记录在表 2-7 中。

表 2-7　EDTA 标准溶液的标定数据

项目		次数		
		1	2	3
称量基准物质	倾样前质量/g			
	倾样后质量/g			
	m_{CaCO_3}/g			
消耗 EDTA 体积	滴定管初读数/mL			
	滴定管终读数/mL			
	V_{EDTA}/mL			
温度补正	溶液温度			
	V_{20}/mL			
EDTA 溶液浓度	C_{EDTA}/(mol/L)			
	$\overline{C}_{EDTA}$/(mol/L)			
相对平均偏差				

计算过程：

【实验反思】

请结合个人实验演练对 EDTA 标准溶液标定过程中滴定条件控制、滴定终点把握及数据结果进行总结反思。

____

____

____

____

____

____

【课堂评价】

进行课堂评价并填表 2-8。

表 2-8　课堂评价表

评价项目	分值	评价		
		学生自评 30%	教师评价 70%	综合评价
课前预习 (完成预习并在工作手册中完成填写)	20 分			
课堂表现 (积极参与实验,操作规范)	50 分			
实验数据 (数据记录准确、及时,结果处理准确)	30 分			

【知识拓展】

EDTA 能防止金属引起的变色、变质、变浊和维生素 C 的氧化损失,还能提高油脂的抗氧化性,可用于化学镀铜、镀金、镀铅锡合金、钢铁件的电化学抛光和铜件镀银前的溶液中,也可用于洗涤剂、液体肥皂、洗发剂、农业化学喷雾剂、彩色感光材料冲洗加工漂白定影液、净水剂、pH 调节剂、阻凝剂等。

任务 2.4 硫代硫酸钠标准溶液的配制及标定

【实验任务】

以 $K_2Cr_2O_7$ 为基准物质，完成 0.1 mol/L 硫代硫酸钠溶液配制及标定，正确记录、处理实验数据。

【实验指导】

硫代硫酸钠，又名次亚硫酸钠、大苏打、海波，是常见的硫代硫酸盐，化学式为 $Na_2S_2O_3$。相对分子质量为 158.108。

硫代硫酸钠容易风化，且含有少量杂质，配制的溶液不稳定、易分解，因此先配制近似浓度的溶液，加少量 Na_2CO_3 使溶液呈弱碱性，以抑制细菌生长，放置一段时间，待溶液稳定后再进行标定。标定 $Na_2S_2O_3$ 溶液多采用 $K_2Cr_2O_7$ 作为基准物质，反应如下：

$$K_2Cr_2O_7+6KI+7H_2SO_4 = 3I_2+Cr_2(SO_4)_3+4K_2SO_4+7H_2O$$

析出 I_2，用 $Na_2S_2O_3$ 溶液滴定，反应如下：

$$2Na_2S_2O_3+I_2 = 2NaI+Na_2S_4O_6$$

滴定至接近终点时加淀粉指示剂，继续滴定至蓝色消失，溶液呈亮绿色即为终点。

【实操演练】

1. 实验仪器、试剂

仪器：天平（0.1 g、0.1 mg 精度）、棕色滴定管（50 mL）、碘量瓶（250 mL）、烧杯（1000 mL）、量筒。

试剂：$K_2Cr_2O_7$（基准）、固体 $Na_2S_2O_3$、固体 KI、淀粉指示剂、H_2SO_4（3 mol/L）。

2. 实验流程

（1）两人一组配制 500 mL 0.1 mol/L $Na_2S_2O_3$ 溶液。

按照实验室化学品领用规范，领取硫代硫酸钠试剂，并进行使用登记。计算所需试剂质量并称量，按照溶液配制规范完成配制并装入试剂瓶，贴好标签备用。

**预习要求：请根据溶液浓度要求计算所需 $Na_2S_2O_3$ 质量，根据试剂特点完成配制流程规划，并注明安全操作要点。

____

____

____

____

____

____

（2）标定 $Na_2S_2O_3$ 溶液。

准确称取基准 $K_2Cr_2O_7$ 0.12～0.15 g，置于 500 mL 碘量瓶中，加 25 mL 水溶解，加 2 gKI 及 20 mL H_2SO_4 溶液，盖上瓶塞摇匀。瓶口处可用少量蒸馏水密封，置于暗处 10 min，取出后用水冲洗瓶塞和瓶壁，加 150 mL 蒸馏水。用待标定的 $Na_2S_2O_3$ 溶液滴定，接近终点时（溶液呈浅黄绿色）加入 3 mL 淀粉指示剂，继续滴定至蓝色消失，溶液呈亮绿色（终点）。平行测定三次，同时做空白实验。

**预习要求：请根据反应方程式列出 $Na_2S_2O_3$ 溶液浓度计算公式。

3. 数据记录与处理

将数据记录在表 2-9 中。

表 2-9 硫代硫酸钠标准溶液的标定数据

项目		次数		
		1	2	3
称量基准物质	倾样前质量/g			
	倾样后质量/g			
	$m_{K_2Cr_2O_7}$/g			
消耗 $Na_2S_2O_3$ 溶液体积	$V_{Na_2S_2O_3}$/mL			
温度补正	溶液温度			
	V_{20}/mL			
空白	$V_{空白}$/mL			
$Na_2S_2O_3$ 溶液浓度	$C_{Na_2S_2O_3}$/(mol/L)			
	$\overline{C}_{Na_2S_2O_3}$/(mol/L)			
相对平均偏差				

【实验反思】

请结合个人实验演练对 $Na_2S_2O_3$ 标准溶液标定过程、注意事项及数据结果进行总结反思。

【课堂评价】

进行课堂评价并填表 2-10。

表 2-10　课堂评价表

评价项目	分值	评价		
		学生自评 30%	教师评价 70%	综合评价
课前预习 (完成预习并在工作手册中完成填写)	20 分			
课堂表现 (积极参与实验,操作规范)	50 分			
实验数据 (数据记录准确、及时,结果处理准确)	30 分			

【知识拓展】

硫代硫酸钠是一种常用的化工原料,在感光工业中用作照相定影剂;在制革工业中用作重铬酸盐的还原剂;在造纸工业中用作纸浆漂白后的除氯剂;在印染工业中用作棉织品漂白后的脱氯剂;在分析化学中用作色层分析、容量分析用试剂;用作麦秆和毛的漂白剂以及纸浆漂白时的脱氯剂;用作含氮尾气的中和剂,还用于四乙基铅、染料中间体等的制造和矿石提银等。在水处理中,硫代硫酸钠可以用作饮用水和废水的脱氯剂、杀菌剂,可以用来除去自来水中的氯气,可以作为循环冷却水的铜缓蚀剂,可以作为锅炉水系统的脱氧剂,可以用于含氰化物废水的处理等。

任务 2.5 碘标准溶液的配制及标定

【实验任务】

完成 0.025 mol/L 碘标准溶液配制及标定，正确记录、处理实验数据。

【实验指导】

碘微溶于水，易溶于 KI 溶液中形成 I_3^-：

$$I_2 + I^- = I_3^-$$

用 $Na_2S_2O_3$ 标准溶液标定碘溶液，反应如下：

$$2Na_2S_2O_3 + I_2 = 2NaI + Na_2S_4O_6$$

称取已知准确浓度的 $Na_2S_2O_3$ 标准溶液于碘量瓶中，以淀粉作为指示剂，用碘溶液滴定至溶液变为蓝色(终点)。

【实操演练】

1. 实验仪器、试剂

仪器：天平(0.1 g、0.1 mg 精度)、棕色滴定管(50 mL)、碘量瓶(250 mL)、烧杯(1000 mL)、量筒。

试剂：$K_2Cr_2O_7$(基准)、固体 $Na_2S_2O_3$、固体 KI、淀粉指示剂、H_2SO_4(3 mol/L)。

2. 实验流程

(1)两人一组配制 500 mL 0.1 mol/L $Na_2S_2O_3$ 溶液并完成标定。

按照实验室化学品领用规范，领取硫代硫酸钠试剂，并进行使用登记。计算所需试剂质量并称量，按照溶液配制规范完成配制并装入试剂瓶，贴好标签备用。

**预习要求：参照任务 2.4 完成 $Na_2S_2O_3$ 溶液标定，并计算其浓度。

____

____

____

____

____

____

(2)I_2 溶液(0.025 mol/L)配制及标定。

称取 0.7 g I_2 和 1 g KI，置于研钵中，在通风橱中操作。加入少量水研磨，待 I_2 全部溶解后，将溶液转入棕色试剂瓶中。加水稀释至 100 mL，充分摇匀，放暗处保存。

移取 $Na_2S_2O_3$ 标准溶液 10.00 mL，置于 250 mL 碘量瓶中，加水 10 mL，加淀粉指示剂 8 滴，用 I_2 溶液滴定至溶液呈稳定的蓝色并保持 30 s 不褪色(终点)。平行测定三份。计算 I_2 的浓度。

＊＊预习要求：请根据反应方程式列出 I_2 溶液浓度计算公式。

2. 数据记录与处理

将数据记录在表 2-11 和表 2-12 中。

表 2-11　$Na_2S_2O_3$ 溶液标定数据

项目		次数		
		1	2	3
称量基准物质	倾样前质量/g			
	倾样后质量/g			
	$m_{K_2Cr_2O_7}$/g			
消耗 $Na_2S_2O_3$ 溶液体积	$V_{Na_2S_2O_3}$/mL			
温度补正	溶液温度			
	V_{20}/mL			
空白	$V_{空白}$/mL			
$Na_2S_2O_3$ 溶液浓度	$C_{Na_2S_2O_3}$/(mol/L)			
	$\overline{C}_{Na_2S_2O_3}$/(mol/L)			
相对平均偏差				

表 2-12　I_2 溶液标定数据

项目		次数		
		1	2	3
$Na_2S_2O_3$ 溶液浓度	$C_{Na_2S_2O_3}$/(mol/L)			
消耗 $Na_2S_2O_3$ 溶液体积	$V_{Na_2S_2O_3}$/mL			
空白	$V_{空白}$/mL			
I_2 溶液浓度	C_{I_2}/(mol/L)			
	$\overline{C}_{I_2}$/(mol/L)			
相对平均偏差				

【实验反思】

请结合个人实验演练对 I_2 溶液标定过程、注意事项及数据结果进行总结反思。

【课堂评价】

进行课堂评价并填表 2-13。

表 2-13　课堂评价表

评价项目	分值	评价		
		学生自评 30%	教师评价 70%	综合评价
课前预习 （完成预习并在工作手册中完成填写）	20 分			
课堂表现 （积极参与实验，操作规范）	50 分			
实验数据 （数据记录准确、及时，结果处理准确）	30 分			

任务 2.6　高锰酸钾标准溶液的配制及标定

【实验任务】

选用草酸钠为基准物质，完成 $C_{(1/5\ KMnO_4)}=0.1$ mol/L 高锰酸钾溶液配制及标定，正确记录、处理实验数据。

【实验指导】

高锰酸钾是一种强氧化剂，化学式为 $KMnO_4$，相对分子质量为 158.034，为黑紫色结晶，带蓝色的金属光泽，无臭，与某些有机物或易氧化物接触易发生爆炸，溶于水、碱液，微溶于甲醇、丙酮、硫酸。高锰酸钾试剂中常含有少量 MnO_2 和其他杂质，$KMnO_4$ 与还原性物质会发生缓慢反应，因此 $KMnO_4$ 标准溶液不能直接配制，通常先配制成近似浓度的溶液，再选择合适的基准物质进行标定。

常用的基准物质是草酸钠，易于提纯，性质稳定，不含结晶水。$KMnO_4$ 在强酸性条件下与 $Na_2C_2O_4$ 发生反应，以 $KMnO_4$ 为自身指示剂，反应方程式如下：

$$2MnO_4^- + 5C_2O_4^{2-} + 16H^+ = 10CO_2 + 2Mn^{2+} + 8H_2O$$

【实操演练】

1. 实验仪器、试剂

仪器：天平（0.0001 g）、台秤（0.1 g）、水浴锅、棕色滴定管、锥形瓶（250 mL）。

试剂：固体 $KMnO_4$、$Na_2C_2O_4$ 基准物质（105～110 ℃烘至恒重）、H_2SO_4（3 mol/L）。

2. 实验流程

（1）两人一组配制 500 mL $C_{(1/5\ KMnO_4)}=0.1$ mol/L $KMnO_4$ 溶液。

按照实验室危险化学品领用规范，领取高锰酸钾试剂，并进行使用登记。计算所需试剂质量并称量，按照溶液配制规范完成配制并装入试剂瓶，贴好标签备用。

＊＊预习要求：请根据溶液浓度要求计算所需高锰酸钾质量，根据试剂特点完成配制流程规划，并注明安全操作要点。

（2）标定 $KMnO_4$ 溶液。

准确称取 0.2 g（精确至 0.0001 g）基准草酸钠至锥形瓶中，加入 100 mL 硫酸溶液，用已配好的高锰酸钾溶液滴定，接近终点时加热至 65 ℃，继续滴定至溶液呈粉红色，保持 30 s。平行测定三次，同时做空白实验。

**预习要求：请根据高锰酸钾与草酸钠的反应方程式列出 $KMnO_4$ 溶液浓度计算公式。

3. 数据记录与处理

将数据记录在表 2-14 中。

表 2-14　高锰酸钾标准溶液的标定数据

项目		次数		
		1	2	3
称量基准物质	倾样前质量/g			
	倾样后质量/g			
	$m_{Na_2C_2O_4}$/g			
消耗 $KMnO_4$ 溶液体积	V_{KMnO_4}/mL			
温度补正	溶液温度			
	V_{20}/mL			
空白	$V_{空白}$/mL			
$KMnO_4$ 溶液浓度	C_{KMnO_4}/(mol/L)			
	$\overline{C}_{KMnO_4}$/(mol/L)			
相对平均偏差				

【实验反思】

请结合个人实验演练对 $KMnO_4$ 溶液标定过程、滴定条件控制、终点判断及数据结果进行总结反思。

【课堂评价】

进行课堂评价并填表 2-15。

表 2-15 课堂评价表

评价项目	分值	评价		
		学生自评 30%	教师评价 70%	综合评价
课前预习 （完成预习并在工作手册中完成填写）	20 分			
课堂表现 （积极参与实验，操作规范）	50 分			
实验数据 （数据记录准确、及时，结果处理准确）	30 分			

【知识拓展】

在化学品生产中，高锰酸钾广泛用作氧化剂；在医药上，高锰酸钾用作防腐剂、消毒剂、除臭剂及解毒剂；在水质净化及废水处理中，高锰酸钾用作水处理剂。

高锰酸钾在酸性介质中会缓慢分解成二氧化锰、钾盐和氧气。光对这种分解有催化作用，故高锰酸钾在实验室里常存放在棕色瓶中。高锰酸钾与乙醚、硫酸、硫黄、双氧水等接触会发生爆炸；遇甘油立即分解而强烈燃烧。

任务 2.7　硝酸银标准溶液的配制及标定

【实验任务】

以基准氯化钠为基准物质，完成 0.1 mol/L 硝酸银溶液配制及标定，正确记录、处理实验数据。

【实验指导】

硝酸银的化学式为 $AgNO_3$，相对分子质量为 169.87，为白色结晶粉末，易溶于水、氨水、甘油，微溶于乙醇。纯硝酸银对光稳定，但由于一般的产品纯度不够，其水溶液和固体常被保存在棕色试剂瓶中。

在沉淀滴定中，以硝酸银溶液为滴定液，可以测定能与 Ag^+ 生成沉淀的物质，可以根据消耗滴定液的浓度和体积计算出被测物质的含量。这种利用生成难溶性银盐来进行测定的方法叫作银量法，根据所选用指示剂的不同，又分为莫尔法（铬酸钾指示剂法）、佛尔哈德法（铁铵矾指示剂法）、法扬司法（吸附指示剂法）。

硝酸银溶液的标定通常选用莫尔法，是在中性或弱碱性溶液中，以 K_2CrO_4 为指示剂，用 $AgNO_3$ 标准溶液直接滴定氯离子的方法。

【实操演练】

1. 实验仪器、试剂

仪器：棕色滴定管（50 mL）、锥形瓶（250 mL）、容量瓶（250 mL）、移液管（25 mL）、烧杯（100 mL、500 mL）

试剂：基准 NaCl 试剂（在 500～600 ℃高温炉中灼烧半小时后，放在干燥器中冷却）、$AgNO_3$、K_2CrO_4 溶液指示剂（5%水溶液）。

2. 实验流程

（1）两人一组配制 500 mL 0.1 mol/L $AgNO_3$ 溶液。

按照实验室危险化学品领用规范，领取硝酸银试剂，并进行使用登记。计算所需试剂质量并称量，按照溶液配制规范完成配制并装入试剂瓶，贴好标签备用。

**预习要求：请根据溶液浓度要求计算所需硝酸银质量，根据试剂特点完成配制流程规划，并注明安全操作要点。

（2）标定 $AgNO_3$ 溶液。

准确称取 0.25 g 基准 NaCl 于小烧杯中，用蒸馏水溶解后，转入 250 mL 容量瓶中，稀释至刻度，摇匀。

用移液管移取 25.00 mL NaCl 溶液注入 250 mL 锥形瓶中，用吸量管加入 0.5 mL 5%

K_2CrO_4溶液，在不断摇动下，用 $AgNO_3$溶液滴定至溶液呈现砖红色（终点）。平行标定三份，同时做空白实验。根据所消耗 $AgNO_3$的体积和 NaCl 的质量，计算 $AgNO_3$的浓度。

＊＊预习要求：写出反应方程式，列出 $AgNO_3$溶液浓度计算公式。

3. 数据记录与处理

将数据记录在表 2-16 中。

表 2-16　硝酸银标准溶液的标定数据

项目		次数		
		1	2	3
称量基准物质	倾样前质量/g			
	倾样后质量/g			
	m_{NaCl}/g			
消耗 $AgNO_3$ 溶液体积	V_{AgNO_3}/mL			
温度补正	溶液温度			
	V_{20}/mL			
$AgNO_3$溶液浓度	C_{AgNO_3}/(mol/L)			
	$\overline{C}_{AgNO_3}$/(mol/L)			
相对平均偏差				

计算过程：

【实验反思】

请结合个人实验演练对 $AgNO_3$ 溶液标定过程、终点判断及数据结果进行总结反思。

【课堂评价】

进行课堂评价并填表 2-17。

表 2-17 课堂评价表

评价项目	分值	评价		
		学生自评 30%	教师评价 70%	综合评价
课前预习 （完成预习并在工作手册中完成填写）	20 分			
课堂表现 （积极参与实验，操作规范）	50 分			
实验数据 （数据记录准确、及时，结果处理准确）	30 分			

【知识拓展】

硝酸银在电子工业、感光工业、电镀工业以及电池工业中应用广泛；在医药上用作杀菌剂、腐蚀剂，在分析化学中用于测定氯、溴、碘氰化物和硫氰酸盐。生产过程中产生的含银离子的废水不可直接排放，一方面会污染环境，另一方面会导致银这种贵重金属直接废弃造成浪费。

项目三　酸碱滴定分析

【学习目标】

1. 知识目标

(1)掌握酸碱滴定基本原理。

(2)熟悉酸碱滴定指示剂选择原则。

2. 能力目标

(1)熟练运用酸碱滴定原理进行实际样品分析。

(2)准确判断滴定终点。

(3)独立完成样品测定并进行数据记录和处理。

3. 素质目标

(1)通过实际试样分析测试培养学生认真严谨的工作态度。

(2)培养学生学以致用的综合能力。

【知识引导】

酸碱滴定分析在生产中应用广泛,许多化工产品,如烧碱、纯碱、硫酸铵、碳酸氢铵等,常采用酸碱滴定法测定其主要成分的含量。钢铁及某些原材料中碳、硫、磷、硅和氮等元素的含量可以采用酸碱滴定法测定,有机合成工业和医药工业中的原料、中间产品及其成品等中的成分的含量也可以采用酸碱滴定法测定。

任务 3.1 混合碱的测定(双指示剂法)

【实验任务】

采用双指示剂法完成混合碱的测定,判断其组成并正确记录、处理实验数据,计算各组分含量。

【实验目标】

(1)复习盐酸标准溶液的配制与标定。

(2)学习用双指示剂法测定混合碱的成分。

(3)根据测定结果判断混合碱成分,并计算各组分的含量。

【实验指导】

混合碱是由两种或多种碱性物质混合而成的物质,常见的混合碱包括碳酸氢钠和氢氧化钠的混合物、氢氧化钠和碳酸钠的混合物。

例如在纯碱(Na_2CO_3)的生产中,Na_2CO_3 是由 $NaHCO_3$ 烧制成的,测定 Na_2CO_3 和 $NaHCO_3$ 的含量,即可知道其转化率。

欲测定混合碱试样中各组分的含量,可用 HCl 标准溶液滴定,根据滴定过程中 pH 值变化的情况,选用两种不同的指示剂分别指示第一、第二化学计量点的到达,即“双指示剂法”。此法简便、快速,在生产实际中应用广泛。

在混合碱试液中加入酚酞指示剂(变色范围是 pH=8.0~10.0),此时呈现红色。用盐酸标准溶液滴定时,滴定溶液由红色恰变为无色,则试液中所含 NaOH 完全被中和,所含 Na_2CO_3 被中和至 $NaHCO_3$,反应式如下:

$$NaOH + HCl = NaCl + H_2O$$

$$Na_2CO_3 + HCl = NaCl + NaHCO_3$$

此时消耗盐酸溶液的体积为 V_1(mL)。

加入甲基橙指示剂(变色范围是 pH=3.1~4.4),继续用盐酸标准溶液滴定,使溶液由黄色转变为橙色。此时消耗盐酸溶液的体积为 V_2(mL),反应式如下:

$$NaHCO_3 + HCl = NaCl + CO_2\uparrow + H_2O$$

根据 V_1、V_2 可分别计算混合碱中 NaOH 与 Na_2CO_3 或 $NaHCO_3$ 与 Na_2CO_3 的含量。

当 $V_1>V_2$ 时,试样为 Na_2CO_3 与 NaOH 的混合物。中和 Na_2CO_3 所需 HCl 是由两次滴定加入的,两次用量应该相等,由反应式可知,中和 NaOH 时所消耗的 HCl 的用量应为 (V_1-V_2),故计算 NaOH 和 Na_2CO_3 的含量的公式为

$$\omega_{NaOH} = \frac{(V_1 - V_2) \times c_{HCl} \times M_{NaOH}}{m_s}$$

$$\omega_{Na_2CO_3} = \frac{V_2 \times c_{HCl} \times M_{Na_2CO_3}}{m_s}$$

将 ω 乘以 100% 即为百分含量。

当 $V_1<V_2$ 时,试样为 Na_2CO_3 与 $NaHCO_3$ 的混合物,此时 V_1 为中和 Na_2CO_3 至 $NaHCO_3$ 时所消耗的 HCl 溶液的体积,故 Na_2CO_3 所消耗 HCl 溶液的体积为 $2V_1$,中和 $NaHCO_3$ 所用 HCl 的量应为 (V_2-V_1),计算公式为

$$\omega_{NaHCO_3} = \frac{(V_2 - V_1) \times c_{HCl} \times M_{NaHCO_3}}{m_s}$$

$$\omega_{Na_2CO_3} = \frac{\frac{1}{2} \times 2V_1 \times c_{HCl} \times M_{Na_2CO_3}}{m_s}$$

将 ω 乘以 100%即为百分含量。

【实操演练】

1. 实验仪器、试剂

仪器：聚四氟乙烯滴定管(50 mL)、锥形瓶(250 mL)、容量瓶(250 mL)、移液管(25 mL)。

试剂：HCl 溶液(0.1 mol/L)、无水 Na_2CO_3、酚酞指示剂(0.2%乙醇溶液)、甲基橙指示剂(0.2%的水溶液)、混合碱试样。

2. 实验流程

(1)0.1 mol/L HCl 溶液的标定。

**预习要求：根据项目二的任务 2.1 完成 HCl 溶液的标定流程规划。

(2)混合碱的分析。

准确称取试样 1.5～2.0 g，放在 100 mL 烧杯中，加水溶解后，定量转入 250 mL 容量瓶中，用水稀释至刻度，充分摇匀。平行移取试液 25.00 mL 三份于 250 mL 锥瓶中，加酚酞或混合指示剂 2～3 滴，用盐酸溶液滴定至溶液由红色恰好褪至无色，记下消耗 HCl 标准溶液的体积 V_1；加入甲基橙指示剂 1～2 滴，继续用盐酸溶液滴定至溶液由黄色恰变为橙色，记下消耗 HCl 标准溶液的体积 V_2。判断混合碱组成，并计算混合碱中各组分的含量。

3. 数据记录与处理

将数据记录在表 3-1 和表 3-2 中。

表 3-1　0.1 mol/L HCl 溶液的标定数据

项目		次数		
		1	2	3
称量基准物质	倾样前质量/g			
	倾样后质量/g			
	$m_{Na_2CO_3}$/g			
消耗盐酸体积	V_{HCl}/mL			
盐酸溶液浓度	C_{HCl}/(mol/L)			
	$\overline{C}_{HCl}$/(mol/L)			
相对平均偏差				

表 3-2 混合碱样品测定数据

<table>
<tr><td colspan="2" rowspan="2">项目</td><td colspan="3">次数</td></tr>
<tr><td>1</td><td>2</td><td>3</td></tr>
<tr><td rowspan="3">称量样品</td><td>倾样前质量/g</td><td></td><td></td><td></td></tr>
<tr><td>倾样后质量/g</td><td></td><td></td><td></td></tr>
<tr><td>$m_{混合碱}$/g</td><td></td><td></td><td></td></tr>
<tr><td rowspan="2">消耗盐酸体积</td><td>V_1/mL</td><td></td><td></td><td></td></tr>
<tr><td>V_2/mL</td><td></td><td></td><td></td></tr>
<tr><td colspan="2">标定所得 HCl 溶液浓度/(mol/L)</td><td colspan="3"></td></tr>
<tr><td colspan="2">判断混合碱组成</td><td colspan="3">组分 1：　　　　　组分 2：</td></tr>
<tr><td rowspan="4">计算各组分含量</td><td>$\omega_{组分1}$/(%)</td><td></td><td></td><td></td></tr>
<tr><td>组分 1 平均含量</td><td colspan="3"></td></tr>
<tr><td>$\omega_{组分2}$/(%)</td><td></td><td></td><td></td></tr>
<tr><td>组分 2 平均含量</td><td colspan="3"></td></tr>
</table>

计算过程：

【实验反思】

请结合个人实验演练对混合碱测定过程、成分判断及数据结果进行总结反思。

【课堂评价】

进行课堂评价并填表3-3。

表3-3　课堂评价表

评价项目	分值	评价		
		学生自评30%	教师评价70%	综合评价
课前预习 （完成预习并在工作手册中完成填写）	20分			
课堂表现 （积极参与实验，操作规范）	50分			
实验数据 （数据记录准确、及时，结果处理准确）	30分			

【知识拓展】

纯碱的化学名称为碳酸钠（Na_2CO_3），俗名苏打，是许多工业部门，如纺织、肥皂、造纸、玻璃等行业的重要原料。纯碱在食品工业中也发挥了重要作用，常用作馒头、面包等面食的中和剂、膨松剂。因此，纯碱曾是衡量一个国家工业水平的重要指标。制碱技术在很长一段时间里被国外垄断并对中国实施技术封锁，严重影响了国人的生活，也大大制约了民族工业的发展。直到1943年，侯德榜创造性地将制碱和合成氨结合起来发明了“联合制碱法”，才打破了国外长期垄断的被动局面，实现了国人制碱的梦想。

任务3.2 工业硫酸含量测定

【实验任务】

以甲基红-亚甲基蓝混合指示剂作为指示剂，使用NaOH标准溶液测定工业硫酸的含量。

【实验目标】

(1)进一步熟悉酸碱滴定操作。

(2)复习氢氧化钠标准溶液的配制与标定。

(3)掌握混合指示剂滴定操作的基本要领。

【实验指导】

硫酸广泛用于各工业部门，主要有化肥工业、冶金工业、石油工业、机械工业、医药工业、洗涤剂的生产、军事工业、原子能工业和航天工业等，还用于生产染料、农药、化学纤维、塑料、涂料，以及各种基本有机和无机化工产品。早期的硫酸工业都采用硝化法，设备生产强度低，产品浓度只有60～76%。20世纪以来，硝化法逐渐被接触法取代。生产硫酸的原料有硫黄、硫铁矿、有色金属冶炼烟气、石膏、硫化氢、二氧化硫和废硫酸等。硫黄、硫铁矿和冶炼烟气是三种主要原料。

工业硫酸可用NaOH标准溶液直接滴定，指示剂用甲基红-亚甲基蓝混合指示剂，终点为溶液由红紫色变为灰绿色。

【实操演练】

1. 实验仪器、试剂

仪器：天平(0.1 g、0.1 mg精度)、聚四氟乙烯滴定管(50 mL)、移液管(25 mL)、容量瓶(100 mL)、锥形瓶(250 mL)。

试剂：NaOH标准溶液(0.1 mol/L)，邻苯二甲酸氢钾(基准物质)，酚酞指示剂、甲基红-亚甲基蓝混合指示剂(0.2%甲基红乙醇溶液和0.1%亚甲基蓝乙醇溶液等比例混合)。

2. 实验流程

(1)0.1 mol/L NaOH溶液的配制及标定。

**预习要求：根据项目二的任务2.2完成NaOH溶液的配制及标定流程规划。

(2)工业硫酸样品分析。

用胶帽滴瓶按减量法准确称取工业硫酸试样0.7～0.8 g放入预先装有部分蒸馏水的100 mL容量瓶中，手摇冷却至室温，用水稀释至刻度，充分摇匀。用移液管移取25 mL试液，置于锥形瓶中，加2滴混合指示剂，用已标定的NaOH标准溶液滴定至溶液由红紫色变为灰绿色(终点),平行测定两次。

另取工业硫酸试样一份,按同样的方法平行测定两次。

**预习要求:根据硫酸与氢氧化钠反应方程式,写出工业硫酸含量计算公式。

3. 数据记录与处理

将数据记录在表 3-4 和表 3-5 中。

表 3-4　0.1 mol/L NaOH 溶液的标定数据

项目		次数		
		1	2	3
称量基准物质	倾样前质量/g			
	倾样后质量/g			
	m_{KHP}/g			
消耗 NaOH 溶液体积	V_{NaOH}/mL			
NaOH 溶液浓度	C_{NaOH}/(mol/L)			
	$\overline{C}_{NaOH}$/(mol/L)			
相对平均偏差				

表 3-5　工业硫酸样品测定数据

项目	1		2	
滴瓶+样(取样前)质量/g				
滴瓶+样(取样后)质量/g				
样重/g				
已标定 NaOH 溶液浓度/(mol/L)				
NaOH 用量/mL	1	2	1	2
H_2SO_4 百分含量/(%)				
平均值/(%)				
相对极差/(%)				

【实验反思】

请结合个人实验演练对工业硫酸含量测定过程、混合指示剂终点判断及数据结果进行总结反思。

【课堂评价】

进行课堂评价并填表 3-6。

表 3-6　课堂评价表

评价项目	分值	评价		
		学生自评 30%	教师评价 70%	综合评价
课前预习 （完成预习并在工作手册中完成填写）	20 分			
课堂表现 （积极参与实验，操作规范）	50 分			
实验数据 （数据记录准确、及时，结果处理准确）	30 分			

【知识拓展】

酸碱滴定时，单一指示剂的变色范围一般比较宽，有的指示剂在变色过程中还出现难以辨别的过渡色。为了达到一定的准确度，在进行某些酸碱滴定时，需要将滴定终点限制在较窄的 pH 范围内(例如对弱酸或弱碱的滴定)，可采用混合指示剂。混合指示剂可分为两大类：一类是在某种指示剂中加入一种惰性染料，后者不是酸碱指示剂，颜色不随 pH 变化，因颜色互补使变色敏锐，而变色范围不变；另一类是由两种酸碱指示剂混合而成的，利用彼此颜色之间的互补作用，具有很窄的变色范围，且在滴定终点有敏锐的颜色变化，可以正确地指示滴定终点。

任务 3.3　有机酸摩尔质量的测定

【实验任务】

使用氢氧化钠标准溶液，完成有机酸摩尔质量的测定。

【实验目标】

(1)熟练完成氢氧化钠标准溶液的配制与标定。

(2)学习有机酸摩尔质量测定原理。

(3)根据测定结果计算所测有机酸的摩尔质量。

【实验指导】

大多数有机酸是固体弱酸，如草酸（pKa1＝1.23，pKa2＝4.19）、酒石酸（pKa1＝2.85，pKa2＝4.34）、柠檬酸（pKa1＝3.15，pKa2＝4.77，pKa3＝6.39）等，它们一般在水中有一定溶解性。若浓度达 0.1 mol/L 左右，且 $cKa \geqslant 10^{-8}$，则可用 NaOH 标准溶液滴定。

有机酸与 NaOH 的反应如下：

$$n\text{NaOH} + \text{H}_n\text{A}(\text{有机酸}) = \text{Na}_n\text{A} + n\text{H}_2\text{O}$$

因滴定突跃在弱碱性范围内，常选用酚酞作指示剂，滴定至终点时溶液呈微红色，根据 NaOH 标准溶液的浓度和滴定时所消耗的体积及称取的纯有机酸的质量，可计算该有机酸的摩尔质量，其计算公式如下：

$$M_{\text{A}} = \frac{nm_{\text{A}}}{C_{\text{NaOH}}V_{\text{NaOH}}}$$

当有机酸为多元酸时，应根据每一级解离的 H^+ 能否被准确滴定的判别式（$cKa \geqslant 10^{-8}$）及相邻两级解离的 H^+ 之间能否分级滴定的判别式（$cKa/cai+1Kai+1 \geqslant 10^5$）来判断多元酸与 NaOH 之间反应的计量关系，据此计算有机酸的摩尔质量。

【实操演练】

1. 实验仪器、试剂

仪器：聚四氟乙烯滴定管（50 mL）、锥形瓶（250 mL）、容量瓶（100 mL）、移液管（25 mL）。

试剂：NaOH 溶液（0.1 mol/L）、邻苯二甲酸氢钾、酚酞指示剂（0.2%乙醇溶液）、有机酸试样（草酸、柠檬酸、酒石酸、乙酰水杨酸等）。

2. 实验流程

(1)0.1 mol/L NaOH 标准溶液的配制及标定。

**预习要求：根据项目二的任务 2.2 完成 NaOH 标准溶液的配制及标定流程规划。

____

____

____

____

____

____

(2)有机酸的分析。

准确称取有机酸(草酸)试样 0.6 g 左右,放在 100 mL 烧杯中,加水溶解后,定量转入 100 mL 容量瓶中,用水稀释至刻度,充分摇匀,备用。用 25.00 mL 移液管准确移取 25.00 mL 草酸溶液于 250 mL 锥形瓶中,加入 2～3 滴酚酞试剂,用 NaOH 标准溶液滴定,滴定至瓶内溶液由无色变成浅红色,且在 30 s 内不褪色。记录消耗的 NaOH 标准溶液的体积。平行标定三份。

计算草酸的摩尔质量,公式如下:

$$M_{草酸} = \frac{2m_{草酸} \times \frac{25}{250}}{C_{NaOH}V_{NaOH}}$$

3. 数据记录与处理

将数据记录在表 3-7 和表 3-8 中。

表 3-7　0.1 mol/L NaOH 溶液的标定数据

项目		次数		
		1	2	3
称量基准物质	倾样前质量/g			
	倾样后质量/g			
	m_{KHP}/g			
消耗 NaOH 溶液体积	V_{NaOH}/mL			
NaOH 溶液浓度	C_{NaOH}/(mol/L)			
	$\overline{C}_{NaOH}$/(mol/L)			
相对平均偏差				

表 3-8　草酸样品测定数据

项目		次数		
		1	2	3
称量样品	倾样前质量/g			
	倾样后质量/g			
	$m_{草酸}$/g			
消耗 NaOH 体积	V_{NaOH}/mL			
已标定 NaOH 溶液浓度/(mol/L)				
草酸摩尔质量/(g/mol)				
平均值/(g/mol)				
相对平均偏差/(%)				

计算过程：

【实验反思】

请结合个人实验演练对草酸摩尔质量测定过程、数据结果进行总结反思，并思考测定柠檬酸摩尔质量的操作及计算。

____

____

____

____

____

____

【课堂评价】

进行课堂评价并填表 3-9。

表 3-9　课堂评价表

评价项目	分值	评价		
		学生自评 30%	教师评价 70%	综合评价
课前预习 （完成预习并在工作手册中完成填写）	20 分			
课堂表现 （积极参与实验，操作规范）	50 分			
实验数据 （数据记录准确、及时，结果处理准确）	30 分			

【知识拓展】

草酸，又名乙二酸，为无色的柱状晶体，易溶于水而不溶于乙醚等有机溶剂，广泛存在于植物源食品中。草酸是生物体的一种代谢产物，为中强酸，广泛分布于植物、动物和真菌体中，并在不同的生命体中发挥不同的功能。研究发现百余种植物富含草酸，尤以菠菜、苋菜、甜菜、马齿苋、芋头、甘薯和大黄等植物中含量最高。草酸可降低矿质元素的生物利用率，在人体中容易与钙离子形成草酸钙导致肾结石，所以草酸往往被认为一种矿质元素吸收利用的拮抗物。

任务 3.4　硫酸铵肥料的含氮量的测定

【实验任务】

采用甲醛法测定硫酸铵肥料的含氮量。

【实验目标】

(1)了解弱酸强化的基本原理。

(2)掌握甲醛法测定铵态氮的原理及操作方法。

(3)熟练掌握酸碱指示剂的选择原理。

(4)根据测定结果计算所测有机酸的摩尔质量。

【实验指导】

氮肥,是指以氮(N)为主要成分,具有 N 标明量,施于土壤可提供植物氮素营养的单元肥料。氮肥是世界化肥生产和使用量最大的肥料品种,适宜的氮肥用量对于提高作物产量、改善农产品质量有重要作用。硫酸铵是常用的氮肥之一。

氮在自然界的存在形式比较复杂,测定物质的氮含量时,可以用总氮、铵态氮、硝酸态氮、酰胺态氮等表示方法。由于铵盐中 NH_4^+ 的酸性太弱(酸度系数为 5.6×10^{-10}),不能用 NaOH 标准溶液直接滴定,故要采用蒸馏法(又称凯氏定氮法)或甲醛法进行测定。

甲醛与 NH_4^+ 作用生成质子化的六亚甲基四胺和 H^+,反应式如下:

$$4NH_4^+ + 6HCHO = (CH_2)_6N_4H^+ + 3H^+ + 6H_2O$$

生成的 $(CH_2)_6N_4H^+$ 的酸度系数为 7.1×10^{-6},可用 NaOH 标准溶液直接滴定,因此该反应称为弱酸的强化。到达计量点时的产物为 $(CH_2)_6N_4$,为微碱性,选用酚酞作为指示剂。

若试样中含有游离酸,加甲醛之前应事先以甲基红为指示剂,用 NaOH 溶液预中和至甲基红变为黄色(pH≈6),再加入甲醛,以酚酞为指示剂,用 NaOH 标准溶液滴定强化后的产物。

【实操演练】

1. 实验仪器、试剂

仪器:聚四氟乙烯滴定管(50 mL)、锥形瓶(250 mL)、量筒(50 mL)、烧杯(100 mL)。

试剂:NaOH 溶液(0.1 mol/L)、甲醛(1+1)、0.2%酚酞、甲基红指示剂(2 g/L)、硫酸铵。

2. 实验流程

(1)0.1 mol/L NaOH 标准溶液的配制及标定。

* 预习要求:根据项目二的任务 2.2 完成 NaOH 标准溶液的配制及标定流程规划。

____

____

____

____

____

____

(2)甲醛溶液的处理。

甲醛被空气氧化生成的少量甲酸,应事先中和去除。量取 20 mL 原瓶装甲醛上层清液于烧杯中，加蒸馏水稀释，加入 2 滴酚酞指示剂，用 NaOH 标准溶液中和甲醛溶液至溶液呈现微红色，备用。

(3)铵盐的含氮量的测定。

准确称取$(NH_4)_2SO_4$试样 0.2～0.3 g，放在锥形瓶中，加水 25 mL 溶解，加入 1～2 滴甲基红。若溶液呈黄色，则说明铵盐中不含游离酸；若溶液呈红色，说明铵盐中含有游离酸，此时应该用 NaOH 标准溶液事先中和，滴定至溶液呈橙色或黄色，除去其中的游离酸(不计 NaOH 标准溶液消耗体积)。加入 10 mL 已中和的甲醛溶液，再加入 2 滴酚酞指示剂，摇匀，静止 5 分钟后，用 0.1 mol/L NaOH 标准溶液滴定至溶液呈微红色，半分钟不褪色(终点)。平行测定三份。

计算硫酸铵试样中铵的质量分数，公式如下：

$$\omega_N = \frac{C_{NaOH} M_N}{m_s} \times 100\%$$

3. 数据记录与处理

将数据记录在表 3-10 和表 3-11 中。

表 3-10　0.1 mol/L NaOH 溶液的标定数据

项目		次数		
		1	2	3
称量基准物质	倾样前质量/g			
	倾样后质量/g			
	m_{KHP}/g			
消耗 NaOH 溶液体积	V_{NaOH}/mL			
NaOH 溶液浓度	C_{NaOH}/(mol/L)			
	$\overline{C}_{NaOH}$/(mol/L)			
相对平均偏差				

表 3-11　硫酸铵样品测定数据

项目		次数		
		1	2	3
称量样品	倾样前质量/g			
	倾样后质量/g			
	$m_{(NH_4)_2SO_4}$/g			
消耗 NaOH 体积	V_{NaOH}/mL			
已标定 NaOH 溶液浓度/(mol/L)				
ω_N/(%)				
ω_N平均值/(%)				
相对平均偏差/(%)				

计算过程：

【实验反思】

请结合个人实验演练对硫酸铵肥料的含氮量的测定过程、数据结果进行总结反思，并思考中和甲醛中的游离酸使用酚酞指示剂、中和$(NH_4)_2SO_4$试样中的游离酸用甲基红指示剂的原因。

【课堂评价】

进行课堂评价并填表 3-12。

表 3-12　课堂评价表

评价项目	分值	评价		
		学生自评 30%	教师评价 70%	综合评价
课前预习 （完成预习并在工作手册中完成填写）	20 分			
课堂表现 （积极参与实验，操作规范）	50 分			
实验数据 （数据记录准确、及时，结果处理准确）	30 分			

【知识拓展】

农业农村部于 2022 年启动实施新一轮化肥农药减量化行动方案。《到 2025 年化肥减量化行动方案》提出，建立健全以“高产、优质、经济、环保”为导向的现代科学施肥技术体系，完善肥效监测评价体系，探索建立公益性与市场化融合互补的“一主多元”科学施肥推广服务体系，加快构建完备的化肥减量化法规政策、制度标准和工作机制，着力实现“一减三提”。进一步减少农用化肥施用总量：到 2025 年，氮、磷、钾和中微量元素等养分结构更加合理，全国农用化肥施用量实现稳中有降。进一步提高有机肥资源还田量：大力推进绿色种养循环农业试点，有机肥资源得到有效合理还田利用，到2025年有机肥施用面积占比增加5个百分点以上。进一步提高测土配方施肥覆盖率：持续推进农户调查、田间试验、制定配方等基础性工作，到2025年全国主要农作物测土配方施肥技术覆盖率稳定在90%以上。进一步提高化肥利用率：推广施肥新技术、新产品和新机具，全面提升科学施肥水平，到2025年全国三大粮食作物化肥利用率达到43%。

项目四　配位滴定分析

【学习目标】

1. 知识目标

(1)了解配位滴定基本原理。

(2)清楚金属指示剂使用条件。

2. 能力目标

(1)独立完成配位滴定操作。

(2)准确判断金属指示剂的滴定终点。

(3)独立完成样品测定并进行数据记录和处理。

3. 素质目标

(1)培养科学严谨的态度。

(2)通过实际试样分析测试培养学生认真严谨的工作态度。

【知识引导】

配位滴定法,又称络合滴定法,是以形成配合物反应为基础的滴定分析方法。通过选择合适的配体和指示剂,配位滴定法可以对溶液中的金属离子进行准确测定。配位滴定法广泛应用于测定金属离子的浓度、分析无机物质、制药工业、环境监测、食品分析和生物医学研究等领域。

任务 4.1　自来水总硬度的测定

【实验任务】

以铬黑 T 为指示剂，在 pH=10 的氨性缓冲溶液中，用 EDTA 标准溶液测定自来水总硬度。

【实验目标】

(1)学习配位滴定操作。

(2)掌握金属指示剂滴定操作的基本要领。

【实验指导】

Ca^{2+}、Mg^{2+} 是自来水中的主要金属离子(还含有微量的 Fe^{3+}、Al^{3+}、Cu^{2+} 等)，通常以钙、镁含量来表示水的硬度。水的硬度可分为总硬度和钙镁硬度两种：前者是测定钙镁总量，以钙化合物含量表示；后者是分别测定钙和镁的含量。世界各国有不同的表示水的硬度的方法，中国以含 Ca^{2+}、Mg^{2+} 离子量折合成 $CaCO_3$ 的量来表示水的硬度。根据国标《生活饮用水卫生标准》(GB 5749—2022)的规定，生活用自来水的硬度不得超过 450 mg/L。

有的人初次来到某一个新地方的时候，有时会发生腹泻，服用消炎药物也不见好转，这就是人们经常说的水土不服。这种腹泻并非由细菌或病毒引起的，而是由于饮用水的硬度变化造成的，长期饮用软水者突然饮用硬水时更容易发生腹泻。

测定水的总硬度，一般采用配位滴定法，以铬黑 T(简称 BT 或 EBT)作为指示剂，在 pH=10 的氨性缓冲溶液中，用 EDTA 标准溶液直接滴定水中的 Ca^{2+}、Mg^{2+} 含量，溶液由酒红色变为蓝色即为终点。若水样中存有 Fe^{3+}、Al^{3+}、Cu^{2+}、Zn^{2+}、Pb^{2+} 等微量杂质离子，可用三乙醇胺、Na_2S 掩蔽。计算水的硬度可用下面的公式：

$$\text{水的总硬度} = \frac{C_{EDTA}V_{EDTA}M_{CaCO_3}}{V_{水}}$$

【实操演练】

1. 实验仪器、试剂

仪器：聚四氟乙烯滴定管(50 mL)、锥形瓶(250 mL)、容量瓶(250 mL)、移液管(25 mL)、烧杯(100 mL、500 mL)、量筒。

试剂：$CaCO_3$(基准)、EDTA 二钠盐、HCl(1∶1)、三乙醇胺(20%)、Na_2S(2%)、铬黑 T 指示剂(5 g/L)、氨性缓冲溶液(pH=10)。

2. 实验流程

(1)0.01 mol/L EDTA 溶液的配制标定。

**预习要求：根据项目二的任务 2.3 完成 EDTA 溶液的配制及标定流程规划。

____

____

____

____

____

____

(2)自来水水样分析。

用移液管移取水样 100.00 mL 于 250 mL 锥形瓶中，加 3 mL 三乙醇胺，加 5 mL 氨性缓冲液，加 1 mL Na_2S，加少许铬黑 T 指示剂，用 EDTA 溶液滴定至溶液由紫红色变为蓝绿色(终点)，记下所用体积，平行测定三份，计算水的总硬度。

3. 数据记录与处理

将数据记录在表 4-1 和 4-2 中。

表 4-1　0.01 mol/L EDTA 溶液的标定数据

项目		次数		
		1	2	3
称量基准物质	倾样前质量/g			
	倾样后质量/g			
	m_{CaCO_3}/g			
消耗 EDTA 体积	V_{EDTA}/mL			
EDTA 溶液浓度	C_{EDTA}/(mol/L)			
	$\overline{C}_{EDTA}$/(mol/L)			
相对平均偏差				

表 4-2　自来水水样测定数据

项目		次数		
		1	2	3
自来水水样体积	$V_{水}$/mL			
消耗 EDTA 体积	V_{EDTA}/mL			
已标定 EDTA 溶液浓度/(mol/L)				
自来水总硬度/(mg/L)				
自来水总硬度平均值/(mg/L)				

计算过程：

【实验反思】

请结合个人实验演练对自来水总硬度测定过程、滴定终点判断及数据结果进行总结反思。

【课堂评价】

进行课堂评价并填表 4-3。

表 4-3　课堂评价表

评价项目	分值	评价		
		学生自评 30%	教师评价 70%	综合评价
课前预习 （完成预习并在工作手册中完成填写）	20 分			
课堂表现 （积极参与实验，操作规范）	50 分			
实验数据 （数据记录准确、及时，结果处理准确）	30 分			

【知识拓展】

工业锅炉是工业生产中重要的设备之一，其水质检测对于锅炉的安全运行至关重要。根据规定，硬度指标是工业锅炉水质检测的重要指标之一。硬度过高会导致锅炉内部结垢，影响锅炉的热效率和安全性。因此，定期进行硬度指标的检测是确保锅炉正常运行的关键。《工业锅炉水质》(GB/T 1576—2018)中对不同用水的总硬度均有规定，为了确保工业锅炉的安全运行，必须按规定进行水质检测。同时，对于不符合标准的水质，应及时采取措施进行处理，以保障工业生产的顺利进行。（扫码查看国标 PDF）

《工业锅炉水质》

任务 4.2 固体吸湿剂中氯化钙含量测定

【实验任务】

以钙羧酸为指示剂，完成吸湿剂中氯化钙测定，并计算其含量。

【实验目标】

(1)巩固掌握 EDTA 标准溶液的配制和标定。

(2)学习掌握钙指示剂的配制和使用方法。

(3)学习通过控制溶液的碱度来测定氯化钙含量的方法。

【实验指导】

吸湿剂是指能从空气中吸收湿气的物质，亦称干燥剂。吸湿剂可根据吸湿剂状态分为固体吸湿剂、液体吸湿剂、气体吸湿剂三类，其中生活中使用较多的是固体吸湿剂。固体吸湿剂利用表面积很大的多孔物质，在表面吸附和毛细管凝结下吸收空气的水分。固体吸湿剂表面的水蒸气分压力低于空气中水蒸气分压力，从而吸收空气中的水分，达到空气除湿的目的。最常用的固体吸湿剂是硅胶和氯化钙。

在实验溶液的 pH 约为 12 的条件下，以钙羧酸为指示剂，用 EDTA 标准溶液滴定，测定出市售吸湿剂中氯化钙的含量。

【实操演练】

1. 实验仪器、试剂

仪器：天平(0.1 g、0.1 mg 精度)、滴定管(50 mL)、锥形瓶(250 mL)、容量瓶(100 mL)、烧杯(100 mL、500 mL)、移液管(25 mL)、量筒。

试剂：EDTA 二钠盐、固体吸湿剂、4%氢氧化钠溶液、钙指示剂(称取 1 g 钙羧酸指示剂，与 100 g 干燥的氯化钠混合，研细、密闭保存)。

2. 实验流程

(1)0.02 mol/L EDTA 溶液的配制及标定。

**预习要求：根据项目二的任务 2.3 完成 EDTA 溶液的配制及标定流程规划。

(2)固体吸湿剂样品分析。

**预习要求：根据配位滴定原理，写出固体吸湿剂中氯化钙含量计算公式。

减量法准确称取 0.3～0.4 g 试样，置于小烧杯中，加入少量蒸馏水，使样品完全溶解，再转移至 100 mL 容量瓶中，稀释至刻度，摇匀。吸取 25.00 mL 上溶液于锥形瓶中，加 50 mL 水、6 mL 4%氢氧化钠溶液和 0.1 g 钙指示剂，用 0.02 mol/L EDTA 标准溶液滴定至溶液由紫色变为纯蓝色（终点）。平行实验两次，同时做空白实验。

3. 数据记录与处理

将数据记录在表 4-4 和表 4-5 中。

表 4-4　0.02 mol/L EDTA 溶液的标定数据

项目		次数		
		1	2	3
称量基准物质	倾样前质量/g			
	倾样后质量/g			
	m_{CaCO_3}/g			
消耗 EDTA 体积	V_{EDTA}/mL			
EDTA 溶液浓度	C_{EDTA}/(mol/L)			
	$\overline{C}_{EDTA}$/(mol/L)			
相对平均偏差				

表 4-5　固体吸湿剂样品测定数据

项目		次数		
		1	2	3
称量样品	倾样前质量/g			
	倾样后质量/g			
	$m_{样品}$/g			
消耗 EDTA 体积	V_{EDTA}/mL			
空白实验	V_0/mL			
已标定 EDTA 溶液浓度/(mol/L)				
ω_{CaCl_2}/(%)				
样品中 $CaCl_2$ 平均含量/(%)				

计算过程：

【实验反思】

请与自来水总硬度测定实验对比，从实验条件、指示剂选择等方面，对固体吸湿剂中氯化钙测定过程及数据结果进行总结反思。

【课堂评价】

进行课堂评价并填表 4-6。

表 4-6　课堂评价表

评价项目	分值	评价		
		学生自评 30%	教师评价 70%	综合评价
课前预习 （完成预习并在工作手册中完成填写）	20 分			
课堂表现 （积极参与实验，操作规范）	50 分			
实验数据 （数据记录准确、及时，结果处理准确）	30 分			

【知识拓展】

从建筑到饮食，各种行业生产中都会找到氯化钙的身影。

在道路建设中，氯化钙具有干燥剂特性，这意味着它可以溶解于水，可以减少混凝土的凝结时间，有利于道路建设。氧化钙还可以降低水的冰点，通过溶解于水并使其更难结冰，可以减少结冰并用作除冰剂。氧化钙通常是撒盐车撒在道路上的那种盐。

在食品生产中，氯化钙在食品制备和增强方面有许多应用。它通过吸水起到固化剂的作用。氯化钙味道很咸，这使其成为“低钠”食品中标准盐的良好替代品。人的身体会产生钙和氯，作为其正常电解质的一部分。运动饮料添加氯化钙以帮助补充在剧烈运动中流失的电解质。许多预包装食品使用这种盐来保持干燥，有助于延缓食物变质。

任务 4.3　铅铋混合液中 Pb^{2+}、Bi^{3+} 含量的测定

【实验任务】

以二甲酚橙为指示剂，测定铅铋混合液中两种金属离子的含量。

【实验目标】

(1)熟练完成 EDTA 标准溶液配制及标定。

(2)学习掌握在滴定过程中通过调整 pH 值分别滴定的方法。

(3)使用二甲酚橙指示剂完成 Pb^{2+}、Bi^{3+} 含量的测定。

【实验指导】

Pb^{2+}、Bi^{3+} 均能与 EDTA 形成稳定的 1∶1 型配合物，BiY 与 PbY 的稳定常数相差很大，可利用控制 pH 分别进行滴定。通常在 pH≈1 时滴定 Bi^{3+}，pH 为 5～6 时滴定 Pb^{2+}。在 pH≈1 时，以二甲酚橙为指示剂，Bi^{3+} 与指示剂形成紫红色配合物，用 EDTA 滴定至终点时，溶液突变为亮黄色。在此溶液中加入六亚甲基四胺，调节溶液 pH 为 5～6，此时 Pb^{2+} 与指示剂二甲酚橙形成紫红色配合物，用 EDTA 滴定至终点时，溶液再次变为亮黄色。

【实操演练】

1. 实验仪器、试剂

仪器：天平(0.1 g、0.1 mg 精度)、滴定管(50 mL)、锥形瓶(250 mL)、容量瓶(100 mL)、烧杯(100 mL、500 mL)、移液管(25 mL)。

试剂：EDTA 二钠盐、铅铋混合液、HNO_3(0.1 mol/L)、六亚甲基四胺(20%水溶液)、二甲酚橙指示剂(0.2%水溶液)。

2. 实验流程

(1)0.02 mol/L EDTA 溶液的配制及标定。

**预习要求：根据项目二的任务 2.3 完成 EDTA 溶液的配制及标定标定流程规划。

____

____

____

____

____

____

(2)铅铋混合液分析。

**预习要求：根据配位滴定原理，写出 Pb^{2+}、Bi^{3+} 含量计算公式。

____

____

____

____

____

____

使用移液管吸取 25.00 mL 铅铋混合液于锥形瓶中，加 10 mL HNO_3、2 滴二甲酚橙指示剂，用 EDTA 标准溶液滴定至溶液由紫红色突变为亮黄色(终点)，记录消耗的 EDTA 体积 V_1。

向上述溶液中加入 10 mL 六亚甲基四胺溶液，溶液变为紫红色。继续用 EDTA 标准溶液滴定至溶液由紫红色突变为亮黄色(终点)，记录消耗的 EDTA 体积 V_2。

平行测定三次，计算试液中 Pb^{2+}、Bi^{3+} 的含量，要求相对平均偏差控制在 0.2%以内。

3. 数据记录与处理

将数据记录在表 4-7 和表 4-8 中。

表 4-7　0.02 mol/L EDTA 溶液的标定数据

项目		次数		
		1	2	3
称量基准物质	倾样前质量/g			
	倾样后质量/g			
	m_{CaCO_3}/g			
消耗 EDTA 体积	V_{EDTA}/mL			
EDTA 溶液浓度	C_{EDTA}/(mol/L)			
	$\overline{C}_{EDTA}$/(mol/L)			
相对平均偏差				

表 4-8　试液中 Pb^{2+}、Bi^{3+} 含量的测定数据

项目		次数		
		1	2	3
试液体积	$V_{样品}$/mL			
消耗 EDTA 体积	V_1/mL			
	V_2/mL			
已标定 EDTA 溶液浓度/(mol/L)				
Bi^{3+} 含量/(g/L)				
Bi^{3+} 平均含量/(g/L)				
相对平均偏差				
Pb^{2+} 含量/(g/L)				
Pb^{2+} 平均含量/(g/L)				
相对平均偏差				

计算过程：

【实验反思】

请根据测定铅铋含量的实验过程思考可否调整测定顺序，即先在 pH 为 5～6 时测定 Pb^{2+} 的含量，再调节溶液 pH≈1 测定 Bi^{3+} 的含量。

【课堂评价】

进行课堂评价并填表 4-9。

表 4-9 课堂评价表

评价项目	分值	评价		
		学生自评 30%	教师评价 70%	综合评价
课前预习（完成预习并在工作手册中完成填写）	20 分			
课堂表现（积极参与实验，操作规范）	50 分			
实验数据（数据记录准确、及时，结果处理准确）	30 分			

【知识拓展】

二甲酚橙是一种三苯甲烷类显色剂，学名为"3，3′-双（N，N-二羧甲基氨甲基）-邻甲酚磺酞"，为红棕色有光泽的结晶性粉末，极易潮解。其钠盐易溶于水，但不溶于醇及醚。由于具有邻甲酚酞结构，溶液的 pH 值对其颜色变化有很大影响，在 pH＞6.3 时，溶液显红色，而在 pH＜6.3 时，溶液显黄色。与大部分金属离子可形成红紫色的络合物。因此，用作络合滴定的金属指示剂时，适用于 pH＜6 的酸性溶液。二甲酚橙可以用来测定铋、钍、钪、铅、锌、镧、镉和汞等金属离子。试剂常配成 0.5%的水溶液，性质较稳定，可保持 2～3 周。此外，二甲酚橙亦可用作比色分析的显色剂，如在盐酸性介质中，和铌形成橘红色络合物，吸收最大波长为 520～530 nm，而试剂本身吸收最大波长为 434～460 nm，用于测定矿样和钢中的微量铅。

任务 4.4　硫酸镍含量的测定(技能大赛选拔考核)

【实验任务】

以紫脲酸铵为指示剂,测定镍盐中的镍含量,并参照技能大赛考核标准进行评价。

【实验目标】

(1)学习掌握用 ZnO 标定 EDTA 的原理和方法。

(2)掌握直接滴定法测定镍含量的原理和方法。

(3)正确判断紫脲酸铵指示剂的滴定终点。

(4)参照技能大赛考核标准进行互评。

【实验指导】

使用 pH=10 的氨-氯化铵缓冲溶液调整溶液 pH 值,以紫脲酸铵作为指示剂,用 EDTA 标准溶液滴定样品,溶液变为蓝紫色即为滴定终点。

本次实验参照技能大赛选拔考核标准,两人一组进行互评打分(已附评分标准)。

【实操演练】

1. 实验仪器、试剂

仪器:天平(0.1 g、0.1 mg 精度)、滴定管(50 mL)、锥形瓶(250 mL)、容量瓶(100 mL)、烧杯(100 mL、500 mL)、移液管(25 mL)。

试剂:EDTA 二钠盐、ZnO(基准)、HCl(20%)、氨水溶液(10%)、硫酸镍水溶液(约 60%)、氨性缓冲溶液(pH=10)、铬黑 T 指示剂(5 g/L)、紫脲酸铵指示剂(0.2%水溶液)。

2. 实验流程

(1)以基准 ZnO 标定 0.05 mol/L EDTA 溶液。

称取 0.6 g 于(850±50) ℃高温炉中灼烧至恒重的工作基准试剂 ZnO(不得用去皮的方法,否则称量为零分)于 100 mL 小烧杯中,用少量水润湿,逐滴加入 20 mL HCl(20%)溶解后,定量转移至 100 mL 容量瓶中,用水稀释至刻度,摇匀。移取 25.00 mL 上述溶液于 250 mL的锥形瓶中(不得从容量瓶中直接移取溶液),加 75 mL 水,用氨水溶液(10%)调至溶液 pH 为 7~8,加 10 mL NH_3-NH_4Cl 缓冲溶液(pH=10)及 5 滴铬黑 T(5 g/L),用待标定的 EDTA 溶液滴定至溶液由紫色变为纯蓝色。平行测定 3 次,同时做空白实验。

计算 EDTA 标准溶液的浓度。

(2)硫酸镍中镍含量的测定。

称取硫酸镍液体样品 2.5 g,精确至 0.0001 g,加水 70 mL,加入 10 mL NH_3-NH_4Cl 缓冲溶液及 0.2 g 紫脲酸铵指示剂,摇匀,用 EDTA 标准溶液滴定至溶液呈蓝紫色。平行测定 3 次。按照下式计算镍的质量分数 ω_{Ni},以 g/kg 表示。

$$\omega_{Ni}=\frac{C_{EDTA}V_{EDTA}M_{Ni}}{m\times 1000}\times 1000$$

3. 数据记录与处理

将数据记录在表 4-10 和表 4-11 中。

表 4-10　0.02 mol/L EDTA 溶液的标定数据

<table>
<tr><td colspan="2" rowspan="2">项目</td><td colspan="3">次数</td></tr>
<tr><td>1</td><td>2</td><td>3</td></tr>
<tr><td rowspan="3">称量基准物质</td><td>倾样前质量/g</td><td></td><td></td><td></td></tr>
<tr><td>倾样后质量/g</td><td></td><td></td><td></td></tr>
<tr><td>m_{ZnO}/g</td><td></td><td></td><td></td></tr>
<tr><td>消耗 EDTA 体积</td><td>V_{EDTA}/mL</td><td></td><td></td><td></td></tr>
<tr><td rowspan="2">EDTA 溶液浓度</td><td>C_{EDTA}/(mol/L)</td><td></td><td></td><td></td></tr>
<tr><td>$\overline{C}_{EDTA}$/(mol/L)</td><td colspan="3"></td></tr>
<tr><td colspan="2">相对平均偏差</td><td colspan="3"></td></tr>
</table>

注：M_{ZnO}=81.39 g/mol。

表 4-11　镍含量测定数据

<table>
<tr><td colspan="2" rowspan="2">项目</td><td colspan="3">次数</td></tr>
<tr><td>1</td><td>2</td><td>3</td></tr>
<tr><td colspan="2">硫酸镍液体样品质量/(m/g)</td><td></td><td></td><td></td></tr>
<tr><td>消耗 EDTA 体积</td><td>V_{EDTA}/mL</td><td></td><td></td><td></td></tr>
<tr><td colspan="2">已标定 EDTA 溶液浓度/(mol/L)</td><td colspan="3"></td></tr>
<tr><td colspan="2">镍含量/(g/kg)</td><td></td><td></td><td></td></tr>
<tr><td colspan="2">镍平均含量/(g/kg)</td><td colspan="3"></td></tr>
<tr><td colspan="2">相对平均偏差</td><td colspan="3"></td></tr>
</table>

计算过程：

【考核评价标准】

考核评价标准如表 4-12 所示。

表 4-12 考核评价标准

序号	作业项目	考核内容	配分	操作要求	考核记录	扣分说明	扣分	得分
一	基准物的称量（8 分）	称量操作	1	检查天平水平		每错一项扣 0.5 分，扣完为止		
				清扫天平				
				敲样动作正确				
		基准物称量范围	6	在规定量±5%～±10%内		每错一个扣 1 分，扣完为止		
				称量范围最多不超过±10%		每错一个扣 2 分，扣完为止		
		结束工作	1	复原天平		每错一项扣 0.5 分，扣完为止		
				放回凳子				
二	试液配制（3.5 分）	容量瓶洗涤	0.5	洗涤干净		洗涤不干净扣 0.5 分		
		容量瓶试漏	0.5	正确试漏		不试漏扣 0.5 分		
		定量转移	1	转移动作规范		转移动作不规范扣 1 分		
		定容	1.5	三分之二处水平摇动		每错一项扣 0.5 分，扣完为止		
				准确稀释至刻线				
				摇匀动作正确				
三	移取溶液（4.5 分）	移液管洗涤	0.5	洗涤干净		洗涤不干净扣 0.5 分		
		移液管润洗	1	润洗方法正确		从容量瓶或原瓶中直接移取溶液扣 1 分		
		吸溶液	1	不吸空		每错一次扣 1 分，扣完为止		
				不重吸				
		调刻线	1	调刻线前擦干外壁		每错一项扣 0.5 分，扣完为止		
				调节液面操作熟练				
		放溶液	1	移液管竖直		每错一项扣 0.5 分，扣完为止		
				移液管尖靠壁				
				放液后停留约 15 秒				
四	托盘天平使用（0.5 分）	称量	0.5	称量操作规范		操作不规范扣 0.5 分，扣完为止		

续表

序号	作业项目	考核内容		配分	操作要求	考核记录	扣分说明	扣分	得分
五	滴定操作（3.5分）	滴定管的洗涤		0.5	洗涤干净		洗涤不干净扣 0.5 分		
		滴定管的试漏		0.5	正确试漏		不试漏扣 0.5 分		
		滴定管的润洗		0.5	润洗方法正确		润洗方法不正确扣 0.5 分		
		滴定操作		2	滴定速度适当		每错一项扣 1 分，扣完为止		
					终点控制熟练				
六	滴定终点（4 分）	标定终点	纯蓝色	4	终点判断正确		每错一个扣 1 分，扣完为止		
		测定终点	蓝紫色		终点判断正确				
七	读数（2 分）	读数		2	读数正确		以读数差在 0.02 mL 为正确，每错一个扣 1 分，扣完为止		
八	原始数据记录（2 分）	原始数据记录		2	原始数据记录不用其他纸张记录		每错一个扣 1 分，扣完为止		
					原始数据及时记录				
					正确进行滴定管体积校正（现场裁判应核对校正体积校正值）				
九	文明操作结束工作（1 分）	物品摆放、仪器洗涤、“三废”处理		1	仪器摆放整齐		每错一项扣 0.5 分，扣完为止		
					废纸/废液不乱扔乱倒				
					结束后清洗仪器				
十	重大失误（本项最多扣 10 分）	基准物的称量					称量失败，每重称一次扣 2 分。		
		试液配制					溶液配制失误，重新配制的，每次扣 5 分		
		滴定操作					重新滴定的，每次扣 5 分		
							篡改（如伪造、凑数据等）测量数据的，总分以零分计。		
十一	总时间（0 分）	210 min		0	按时收卷，不得延时				

【实验反思】

请根据互评结果，对个人技能操作及实验结果进行反思。

【课堂评价】

进行课堂评价并填表 4-13。

表 4-13　课堂评价表

<table>
<tr><th rowspan="2">评价项目</th><th rowspan="2">分值</th><th colspan="3">评价</th></tr>
<tr><th>学生自评 30%</th><th>教师评价 70%</th><th>综合评价</th></tr>
<tr><td>课前预习
（完成预习并在工作手册中完成填写）</td><td>20 分</td><td></td><td></td><td rowspan="3"></td></tr>
<tr><td>课堂表现
（积极参与实验，操作规范）</td><td>50 分</td><td></td><td></td></tr>
<tr><td>实验数据
（数据记录准确、及时，结果处理准确）</td><td>30 分</td><td></td><td></td></tr>
</table>

项目五　氧化还原滴定分析

【学习目标】

1. 知识目标

(1)了解氧化还原滴定基本原理。

(2)熟悉常用氧化还原滴定指示剂类型。

2. 能力目标

(1)独立完成氧化还原滴定操作。

(2)准确判断三类氧化还原指示剂的滴定终点。

(3)独立完成样品测定并进行数据记录和处理。

3. 素质目标

(1)培养科学严谨的态度，树立规范操作意识。

(2)培养学生学以致用的综合能力。

【知识引导】

氧化还原滴定法是滴定分析中应用广泛的方法之一，是以溶液中氧化剂与还原剂之间电子转移为基础的一种滴定分析方法，不但能直接测定具有氧化性、还原性的物质，而且能间接测定一些非氧化还原性的物质；不仅能测定无机物，而且能测定一些有机物。

氧化还原滴定以氧化剂或还原剂为滴定剂，直接滴定一些具有还原性或氧化性的物质，或者间接滴定一些本身并没有氧化还原性，但能与某些氧化剂或还原剂起反应的物质。氧化滴定剂有高锰酸钾、重铬酸钾、硫酸铈、碘、碘酸钾、高碘酸钾、溴酸钾、铁氰化钾、氯胺等；还原滴定剂有亚砷酸钠、亚铁盐、氯化亚锡、抗坏血酸、亚铬盐、亚钛盐、亚铁氰化钾、肼类等。

氧化还原滴定的等当点可借助仪器(如电位分析法)来确定，但通常借助指示剂来判断。

常用指示剂包括以下三种。

(1)氧化还原指示剂，如二苯胺磺酸钠指示剂，在酸性溶液中以苯胺磺酸形式存在，无色，在被标准溶液氧化时，生成二苯联苯磺酸，呈紫色。

(2)专用指示剂，如淀粉指示剂。在碘量法滴定中，可溶性淀粉溶液和碘标准溶液生成深蓝色吸附性化合物。

(3)自身指示剂，如高锰酸钾标准溶液滴定产品草酸时，滴定终点为高锰酸钾标准溶液的紫色消失。

任务 5.1 水样中高锰酸盐指数的测定

【实验任务】

分组开展校园环境中地表水水样采集,并测定其高锰酸盐指数。

【实验目标】

(1)分组完成水样采集及预处理。

(2)掌握高锰酸钾法滴定操作的基本要领。

(3)练习水浴加热操作。

【实验指导】

高锰酸钾指数的英文缩写为 PV,全称为 permanganate value。高锰酸盐指数是反映水体中有机及无机可氧化物质污染的常用指标。

在一定条件下,用高锰酸钾氧化水样中的某些有机物及无机还原性物质,由消耗的高锰酸钾量计算相当的氧量。测定基本流程如下:向水样中加入已知量的高锰酸钾和硫酸,在沸水浴中加热 30 min,使高锰酸钾将样品中的某些有机物和无机还原性物质氧化,反应后加入过量的草酸钠还原剩余的高锰酸钾,再用高锰酸钾标准溶液回滴过量的草酸钠。通过计算得到样品中高锰酸盐指数。

高锰酸盐指数检测与测定溶液的酸碱度、高锰酸钾溶液的浓度、加热温度、滴定速度等因素有直接影响,因此在检测过程中要最大限度地规避这些因素的影响,从而提高检测结果的准确性。

【实操演练】

1. 实验仪器、试剂

仪器:天平(0.0001 g)、台秤(0.1 g)、水浴锅、棕色滴定管、锥形瓶(250 mL)、容量瓶(100 mL)、移液管(10 mL)、量筒、烧杯。

试剂:需要以下几种试剂。

①草酸钠标准贮备液:$C_{(1/2\ Na_2C_2O_4)}$为 0.1000 mol/L;称取 0.6705 g 经 120 ℃烘干 2 h 并放冷的草酸钠($Na_2C_2O_4$)溶解于水中,移入 100 mL 容量瓶中,用水稀释至标线,混匀。

②草酸钠标准溶液:$C_{(1/2\ Na_2C_2O_4)}$为 0.0100 mol/L;吸取 10.00 mL 草酸钠标准贮备液于 100 mL 容量瓶中,用水稀释至标线,混匀。

③高锰酸钾标准贮备液:$C_{(1/5\ KMnO_4)}$=0.1 mol/L;称取 3.2 g 高锰酸钾溶于 1.2 L 水中,加热煮沸,使体积减少到约 1 L,在暗处放置过夜,倾出清液,贮于棕色瓶中。

④高锰酸钾标准溶液:$C_{(1/5\ KMnO_4)}$=0.01 mol/L;吸取 100 mL 高锰酸钾标准贮备液于 1000 mL 容量瓶中,用水稀释至标线,混匀。此溶液在暗处可保存几个月,使用当天标定其浓度。

⑤硫酸(1+3)溶液。

2. 实验过程

(1)3 人一组,完成水样采集、预处理。

**预习要求:小组合作制订水样采集方案,准备采样仪器,完成校园中地表水采集并进行预处理。

水样采集方案：

____

____

____

____

____

____

(2)水样测定。

①吸取 100.0 mL 经充分摇动、混合均匀的水样(原样或经稀释)，置于 250 mL 锥形瓶中。

②加入 5 mL 硫酸(1+3)溶液，混匀。

③加入 10.00 mL 0.01 mol/L 高锰酸钾溶液，摇匀，立即将锥形瓶置于沸水浴内 30 min (水浴沸腾开始计时)。

④取出后趁热加入 10.00 mL 0.0100 mol/L 草酸钠标准溶液，摇匀，立即用 0.01mol/L 高锰酸钾溶液滴定至溶液显微红色，记录消耗的高锰酸钾溶液体积 V_1。

⑤高锰酸钾溶液浓度的标定：将上述已滴定完毕的溶液加热至约 70 ℃，准确加入 10.00 mL 0.0100 mol/L 草酸钠标准溶液，再用 0.01 mol/L 高锰酸钾溶液滴定至溶液显微红色。记录高锰酸钾溶液的消耗量 V，按下式求得高锰酸钾溶液的校正系数 K。

$$K = \frac{10.00}{V}$$

若水样经稀释，应同时另取 100 mL 水，按上步骤测定，记录回滴的高锰酸钾溶液体积 V_0。

实验过程中应注意以下问题。

①沸水浴的水面要高于锥形瓶内的液面。

②加热时，如溶液红色变浅或全部退去，说明高锰酸钾用量不够，须重新取样，经稀释后测定。

③滴定时温度应保持在 60 ℃～80 ℃，故滴定操作须趁热进行，若溶液温度过低，需适当加热。

(3)结果表示。

①水样不经稀释。

$$高锰酸盐指数(O_2, mg/L) = \frac{[(10 + V_1)K - 10] \times M \times 8 \times 1000}{100}$$

式中：V_1——滴定水样时，消耗高锰酸钾溶液体积，mL；

K——校正系数；

M——草酸钠标准溶液浓度，0.0100 mol/L；

8——1/2 氧摩尔质量。

②水样经稀释。

$$高锰酸盐指数(O_2, mg/L) = \frac{\{[(10 + V_1)K - 10] - [(10 + V_0)K - 10] \times C\} \times M \times 8 \times 1000}{V_2}$$

式中：V_0——空白试验时，消耗高锰酸钾溶液体积，mL；

V_2——分取水样体积，mL；

C——稀释样品时，蒸馏水在 100 mL 测定用体积内所占比例（如 10 mL 样品用水稀释至 100 mL，则 $C=0.9$）

3. 数据记录与处理

将数据记录在表 5-1 中。

表 5-1 水样测定数据（水样未经稀释）

项目		次数		
		1	2	3
水样体积/mL				
消耗 $KMnO_4$ 体积	V_1/mL			
标定消耗 $KMnO_4$ 体积/mL				
校正系数 K				
高锰酸盐指数/(mg/L)				
高锰酸盐指数平均值/(mg/L)				

计算过程：

【实验反思】

请各小组对本次水样采集、高锰酸盐指数测定过程、滴定终点判断及数据结果进行总结反思。

【课堂评价】

进行课堂评价并填表 5-2。

表 5-2　课堂评价表

评价项目	分值	评价		
		学生自评 30%	教师评价 70%	综合评价
课前预习 （完成预习并在工作手册中完成填写）	20 分			
课堂表现 （积极参与实验，操作规范）	50 分			
实验数据 （数据记录准确、及时，结果处理准确）	30 分			

【知识拓展】

党的二十大报告对“推动绿色发展，促进人与自然和谐共生”做出重大安排部署，强调必须牢固树立和践行绿水青山就是金山银山的理念，站在人与自然和谐共生的高度谋划发展。2023 年，《重点流域水生态环境保护规划》（以下简称《规划》）出台，明确了“十四五”时期重点流域水生态环境保护的目标任务，对各项工作做出具体部署。《规划》全面贯彻党的二十大精神，落实党中央、国务院决策部署，立足山水林田湖草沙一体化保护和系统治理，统筹水资源、水环境、水生态治理，持续改善水生态环境质量，不断满足人民日益增长的美好生活需要。

任务 5.2　重铬酸钾法测定二价铁含量

【实验任务】

采用重铬酸钾法测定任务 1.7 所制备的复盐中二价铁含量，并与目测比色法的检验结果进行对照。

【实验目标】

(1)学习掌握重铬酸钾标准溶液配制和使用方法。

(2)学习重铬酸钾法氧化还原滴定方法。

【实验指导】

称取一定质量的复盐溶解后，加入一定量的 H_2SO_4-H_3PO_4 混合酸，使 Fe^{3+} 生成磷酸铁络离子，消除 Fe^{3+} 的黄色干扰，以二苯胺磺酸钠作指示剂，用 $K_2Cr_2O_7$ 标准溶液滴至溶液由浅绿色变为紫红色，根据消耗的 $K_2Cr_2O_7$ 量计算复盐中的二价铁含量。反应方程式如下：

$$Cr_2O_7^{2-}+6Fe^{2+}+14H^+ = 2Cr^{3+}+6Fe^{3+}+7H_2O$$

【实操演练】

1. 实验仪器、试剂

仪器：分析天平(0.1 mg)、酸式滴定管(50 mL)、锥形瓶(250 mL)、容量瓶(250 mL)、烧杯(100 mL)、量筒(50 mL)。

试剂：$K_2Cr_2O_7$(AR)、复盐样品、H_2SO_4-H_3PO_4 混合酸(H_2SO_4 ∶ H_3PO_4 ∶ H_2O=2∶3∶5)、二苯胺磺酸钠指示剂(0.5%)。

2. 实验流程

(1)$K_2Cr_2O_7$ 标准溶液(0.008 mol/L)的配制。

准确称取 $K_2Cr_2O_7$ 约 0.588 g 置于 100 mL 小烧杯中，用水溶解后，定量转移至 250 mL 容量瓶中定容，摇匀，计算出浓度。

＊＊预习要求：请根据 $K_2Cr_2O_7$ 试剂特点完成配制流程规划，并注明安全操作要点及环保要点。

____

____

____

____

____

____

(2)复盐样品测定。

用减量法准确称取 0.35 g 左右复盐样品于锥形瓶中，加入 50 mL 水使之溶解，加混合酸 10 mL，加 2 滴二苯胺磺酸钠指示剂，立即用 $K_2Cr_2O_7$ 标准溶液滴定至溶液由浅绿色变为紫红色，根据消耗的 $K_2Cr_2O_7$ 的量计算复盐中二价铁含量。平行测定六次，计算标准偏差。

**预习要求：请根据反应方程式，列出二价铁含量计算公式。

3. 数据记录与处理

将数据记录在表 5-3 中。

表 5-3　复盐中二价铁含量测定数据

项目		次数					
		1	2	3	4	5	6
称量 $K_2Cr_2O_7$	倾样前质量/g						
	倾样后质量/g						
	$m_{K_2Cr_2O_7}$/g						
$K_2Cr_2O_7$ 溶液浓度	$C_{K_2Cr_2O_7}$/(mol/L)						
称量复盐样品	倾样前质量/g						
	倾样后质量/g						
	$m_{复盐}$/g						
消耗 $K_2Cr_2O_7$ 体积	$V_{K_2Cr_2O_7}$/mL						
二价铁含量/(%)							
二价铁含量平均值/(%)							
相对平均偏差							

计算过程：

【实验反思】

请结合个人实验演练对二价铁含量测定过程中指示剂的变色、样品中二价铁含量数据结果进行总结反思，并与任务 1.7 中目测比色法所得结果进行对照。

____

____

____

____

____

____

【课堂评价】

进行课堂评价并填表 5-4。

表 5-4　课堂评价表

评价项目	分值	评价		
		学生自评 30%	教师评价 70%	综合评价
课前预习 （完成预习并在工作手册中完成填写）	20 分			
课堂表现 （积极参与实验，操作规范）	50 分			
实验数据 （数据记录准确、及时，结果处理准确）	30 分			

【知识拓展】

在污水处理过程中，絮凝剂起到了重要的作用。絮凝剂能聚集悬浮在水中的有机和无机物质，形成较大的团块，从而更容易被沉淀或被过滤器过滤出来。铁盐是一种常用的絮凝剂，其主要成分为硫酸亚铁、硫酸铁等。在污水处理中，铁盐能够使悬浮在水中的有机和无机物质形成较大的颗粒，便于后续的沉淀和过滤处理。此外，铁盐具有成本低、效果稳定等特点，是污水处理中非常常见的结合剂。

任务 5.3　消毒片中有效氯含量的测定——间接碘量法

【实验任务】

配制并标定 $Na_2S_2O_3$ 溶液，使用间接碘量法测定消毒片中有效氯含量。

【实验目标】

(1)掌握间接碘量法的基本原理及滴定条件。

(2)学习测定消毒片中有效氯含量的方法。

(3)准确计算有效氯含量。

【实验指导】

有效氯指与含氯消毒剂氧化能力相当的氯量，其含量用 mg/L 或%(g/100 mL)表示。氧化态氯在氧化还原反应中都能被还原成化合价为－1 的还原态氯，这一反应过程正好可被人类利用，如用于漂白、消毒等，这些氧化态氯就是能够发挥效用的氯，顾名思义，称其为有效氯。

在酸性介质中定量氧化 I^-，用标准 $Na_2S_2O_3$ 溶液滴定生成的 I_2 可间接测得有效氯的含量。其有关的反应如下：

$$ClO^- + 2H^+ + 2I^- = I_2 + Cl^- + H_2O$$

$$ClO_2^- + 4H^+ + 4I^- = 2I_2 + Cl^- + 2H_2O$$

$$ClO_3^- + 6H^+ + 6I^- = 3I_2 + Cl^- + 3H_2O$$

$$2S_2O_3^{2-} + I_2 = S_4O_6^{2-} + 2I^-$$

【实操演练】

1. 实验仪器、试剂

仪器：天平(0.0001 g)、台秤(0.1 g)、称量瓶、烧杯(250 mL)、容量瓶(250 mL)、碘量瓶(250 mL)、量筒(20 mL、10 mL、5 mL)、移液管(25 mL)、酸式滴定管(棕色，50 mL)、试剂瓶(棕色，250 mL)。

试剂：H_2SO_4(3 mol/L)、KI(10%)、淀粉(1%)、$K_2Cr_2O_7$(AR)、Na_2CO_3(固)、$Na_2S_2O_3 \cdot 5H_2O$(固)、消毒片。

2. 实验流程

(1)$Na_2S_2O_3$ 溶液的配制及标定。

**预习要求：根据项目二的任务 2.4 完成 $Na_2S_2O_3$ 溶液的配制及标定流程规划。

____

____

____

____

____

____

(2)消毒片试液(悬浮液)的配制。

准确称取 4～5 片消毒片，置于研钵中研细，转入烧杯，加入少许蒸馏水调成糊状，将上层清液定量转移至 250 mL 容量瓶中，用水稀释至刻度，摇匀。

(3)有效氯含量的测定。

准确移取 25.00 mL 试液于锥形瓶中，加入 6 mL 3 mol/L 的 H_2SO_4 溶液和 10 mL 10% 的 KI 溶液，加盖摇匀，于暗处放置 5 min 后取出，加 20 mL 蒸馏水，立即用 $Na_2S_2O_3$ 标准溶液滴定至溶液呈淡黄色后，再加入 2.0 mL 淀粉溶液，继续用 $Na_2S_2O_3$ 溶液滴定至溶液蓝色刚好消失(终点)。平行测定三次，计算样品中有效氯含量。

**预习要求：根据反应方程式，列出有效氯含量计算公式。

3. 数据记录与处理

将数据记录在表 5-5 和表 5-6 中。

表 5-5　$Na_2S_2O_3$ 溶液的标定数据

项目		次数		
		1	2	3
称量基准物质	倾样前质量/g			
	倾样后质量/g			
	$m_{K_2Cr_2O_7}$/g			
消耗 $Na_2S_2O_3$ 溶液体积	$V_{Na_2S_2O_3}$/mL			
空白	$V_{空白}$/mL			
$Na_2S_2O_3$ 溶液浓度	$C_{Na_2S_2O_3}$/(mol/L)			
	$\overline{C}_{Na_2S_2O_3}$/(mol/L)			
相对平均偏差				

表 5-6　消毒片试液测定数据

项目		次数		
		1	2	3
称量消毒片	$m_{消毒片}$/g			
移取试液体积	$V_{试液}$/mL			
消耗 $Na_2S_2O_3$ 体积	$V_{Na_2S_2O_3}$/mL			
有效氯含量/(%)				
有效氯含量平均值/(%)				
相对平均偏差				

计算过程：

【实验反思】

请结合个人实验演练对消毒片中有效氯含量的测定过程、淀粉指示剂终点判断及数据结果进行总结反思。

____

____

____

____

____

____

【课堂评价】

进行课堂评价并填表 5-7。

表 5-7　课堂评价表

评价项目	分值	评价		
		学生自评 30%	教师评价 70%	综合评价
课前预习 （完成预习并在工作手册中完成填写）	20 分			
课堂表现 （积极参与实验，操作规范）	50 分			
实验数据 （数据记录准确、及时，结果处理准确）	30 分			

【知识拓展】

日常常用的含氯消毒剂有以下几种。

(1)84 液(84 消毒液)：以次氯酸钠为主要成分，有效氯含量为 4%～6%。配制有效氯为 500 mg/L 预防性消毒液[1 瓶(500 mL)84 消毒液原液加 50 L 水进行稀释]使用。

(2)泡腾消毒片(泡腾消毒片Ⅱ型):以三氯异氰尿酸钠为主要成分,一般为片剂,有效氯含量为 500 mg/片。配制有效氯为 500 mg/L 预防性消毒液(三氯异氰尿酸钠 1 片,加 1 L 水进行稀释)使用。

(3)二氯异氰尿酸钠(消毒净):以二氯异氰尿酸钠为主要成分,一般氯含量为 20%。配制有效氯为 500 mg/L 预防性消毒液(用 2.5 g 二氯异氰尿酸钠,加 1 L 水进行稀释)使用。

任务 5.4　维生素 C 含量的测定——直接碘量法

【实验任务】

采用直接碘量法测定维生素药片中维生素 C 的含量，准确判断滴定终点并完成数据处理。

【实验目标】

(1)学习并掌握直接碘量法测定维生素 C 的原理及操作。

(2)掌握碘标准溶液的配制及标定。

(3)掌握维生素 C 的测定方法。

【实验指导】

维生素 C 又称抗坏血酸，与人体健康关系密切，是一种重要且特殊的水溶性维生素，在维持人体正常功能方面具有多种重要的作用，主要食物来源为蔬菜与水果。

维生素 C 的分子式为 $C_6H_8O_6$，由于分子中的烯二醇基具有还原性，能被 I_2 定量地氧化成二酮基，可测定维生素 C 的含量。反应式如下：

$$C_6H_8O_6 + I_2 = C_6H_6O_6 + 2HI$$

由于维生素 C 的还原性很强，在空气中极易被氧化，尤其在碱性介质中更甚，测定时加入 HAc 使溶液呈弱酸性，减少维生素 C 的副反应。

【实操演练】

1. 实验仪器、试剂

仪器：天平(0.0001 g)、台秤(0.1 g)、称量瓶、烧杯(250 mL)、容量瓶(250 mL)、碘量瓶(250 mL)、量筒(20 mL、10 mL、5 mL)、移液管(25 mL)、酸式滴定管(棕色，50 mL)、试剂瓶(棕色，250 mL)。

试剂：$Na_2S_2O_3$、I_2、$K_2Cr_2O_7$(优级纯)、KI(固)、维生素 C 药片、淀粉溶液(0.5%)、Na_2CO_3(固)、HAc(1∶1)、HCl(1∶1)。

2. 实验流程

(1) $K_2Cr_2O_7$ 标准溶液(0.01667 mol/L)的配制。

请根据 $K_2Cr_2O_7$ 试剂特点完成配制流程规划，并注明安全操作要点及环保要点。

____

____

____

____

____

____

(2)$Na_2S_2O_3$(0.05 mol/L)溶液的配制及标定。

**预习要求:根据项目二的任务 2.4 完成 $Na_2S_2O_3$ 溶液的配制及标定流程规划。

(3)I_2 溶液(0.025 mol/L)的配制及标定

**预习要求:根据项目二的任务 2.5 完成 I_2 溶液的配制及标定流程规划。

(4)维生素 C 含量的测定。

准确称取适量维生素 C 药片粉末(约 0.1 g),加新煮沸过的冷却蒸馏水 20 mL,加 HAc 2 mL,溶解,加淀粉指示剂 8 滴,立即用 I_2 溶液滴定至溶液呈稳定的蓝色。计算维生素 C 的含量。

**预习要求:根据反应方程式,列出维生素 C 含量的计算公式。

3. 数据记录与处理

将数据记录在表 5-8 至表 5-10 中。

表 5-8　$Na_2S_2O_3$ 溶液的标定数据

项目		次数		
		1	2	3
称量基准物质	倾样前质量/g			
	倾样后质量/g			
	$m_{K_2Cr_2O_7}$/g			
消耗 $Na_2S_2O_3$ 溶液体积	$V_{Na_2S_2O_3}$/mL			
空白	$V_{空白}$/mL			
$Na_2S_2O_3$ 溶液浓度	$C_{Na_2S_2O_3}$/(mol/L)			
	$\overline{C}_{Na_2S_2O_3}$/(mol/L)			
相对平均偏差				

表 5-9　I_2溶液标定数据

项目		次数		
		1	2	3
$Na_2S_2O_3$溶液浓度	$C_{Na_2S_2O_3}$ (mol/L)			
消耗 $Na_2S_2O_3$溶液体积	$V_{Na_2S_2O_3}$ /mL			
空白	$V_{空白}$ /mL			
I_2溶液浓度	C_{I_2} /(mol/L)			
	$\overline{C}_{I_2}$ /(mol/L)			
相对平均偏差				

表 5-10　维生素 C 含量测定数据

项目		次数		
		1	2	3
称量药片	$m_{药片}$ /g			
消耗 I_2溶液体积	V_{I_2} /mL			
维生素 C 含量/(%)				
维生素 C 含量平均值/(%)				
相对平均偏差				

计算过程：

【实验反思】

请结合个人实验演练对维生素药片中维生素 C 含量的测定过程、淀粉指示剂终点判断及数据结果进行总结反思。

【课堂评价】

进行课堂评价并填表 5-11。

表 5-11 课堂评价表

评价项目	分值	评价		
		学生自评 30%	教师评价 70%	综合评价
课前预习 （完成预习并在工作手册中完成填写）	20 分			
课堂表现 （积极参与实验，操作规范）	50 分			
实验数据 （数据记录准确、及时，结果处理准确）	30 分			

【知识拓展】

维生素 C 在医药、动物饲料、化妆品及食品添加剂行业等领域应用广泛。以食品加工为例，维生素 C 在水果蔬菜加工、储存过程中可提高果蔬保鲜效果、抗褐变；利用维生素 C 良好的还原性可以清除食物中的氧气，抑制脂肪氧化；在酸性条件下，维生素 C 能将亚硝酸盐还原为 NO，从而降低亚硝酸盐含量等。

项目六　沉淀滴定分析

【学习目标】

1. 知识目标

(1)了解沉淀滴定基本原理。

(2)熟悉银量法应用。

(3)区分常用银量法的指示剂。

2. 能力目标

(1)独立完成沉淀滴定操作。

(2)准确判断沉淀滴定的滴定终点。

(3)独立完成样品测定并进行数据记录和处理

3. 素质目标

(1)培养学生科学严谨的态度,树立规范操作意识。

(2)通过理论联系实际培养学生分析解决问题的综合能力。

沉淀滴定是以沉淀反应为基础的一种滴定方法,实际上应用最多的是银量法,即利用 Ag^+ 与卤素离子的反应来测定 Cl^-、Br^-、I^-、SCN^- 和 Ag^+。银量法共分三种,分别以创立者的姓名来命名。

1. 莫尔法

在中性或弱碱性的含 Cl 试液中,加入指示剂铬酸钾,用硝酸银标准溶液滴定,氯化银先沉淀,当砖红色的铬酸银沉淀生成时,表明 Cl 已被定量沉淀,指示终点已经到达。此法方便、准确,应用广。

2. 佛尔哈德法

①直接滴定法。在含 Ag 的酸性试液中,加 $NH_4Fe(SO_4)_2$ 为指示剂,以 NH_4SCN 为滴定剂,先生成 AgSCN 白色沉淀,当红色 $Fe(SCN)^{2+}$ 出现时,表示 Ag^+ 已被定量沉淀,终点已到达。此法主要用于测 Ag^+。

②返滴定法。在含卤素离子的酸性溶液中,先加入一定量的过量的 $AgNO_3$ 标准溶液,再加指示剂 $NH_4Fe(SO_4)_2$,以 NH_4SCN 标准溶液滴定过剩的 Ag^+,直到出现红色。两种试剂用量之差即为卤素离子的量。此法的优点是选择性高,不受弱酸根离子的干扰。但用本法测 Cl^- 时,宜加入硝基苯,将沉淀包住,以免部分的 Cl^- 由沉淀转入溶液。

3. 法扬司法

在中性或弱碱性的含 Cl^- 试液中加入吸附指示剂荧光黄,当用 $AgNO_3$ 滴定时,在等当点以前,溶液中 Cl^- 过剩,AgCl 沉淀的表面吸附 Cl^- 而带负电,指示剂不变色;在等当点后,Ag^+ 过剩,沉淀的表面吸附 Ag^+ 而带正电,它会吸附荷负电的荧光黄离子,使沉淀表面显示粉红色,从而指示终点已到达。

任务 6.1 粗盐中氯离子含量检测

【实验任务】

采用莫尔法测定粗盐样品中氯离子含量，准确判断滴定终点并完成数据处理。

【实验目标】

(1)学习掌握硝酸银标准溶液配制和使用方法。

(2)掌握莫尔法沉淀滴定操作。

【实验指导】

某些可溶性氯化物中氯含量的测定常采用莫尔法。此方法是在中性或弱碱性溶液中，以 K_2CrO_4 为指示剂，用 $AgNO_3$ 标准溶液进行滴定。

AgCl 沉淀的溶解度比 Ag_2CrO_4 小，因此，溶液中首先析出 AgCl 沉淀，当 AgCl 定量沉淀后，过量 $AgNO_3$ 溶液即与 CrO_4^{2-} 生成砖红色 Ag_2CrO_4 沉淀，指示到达终点。主要反应式如下：

$$Ag^+ + Cl^- = AgCl\downarrow \text{（白色）}$$

$$2Ag^+ + CrO_4^{2-} = Ag_2CrO_4\downarrow \text{（砖红色）}$$

AgCl 的 K_{sp} 为 1.8×10^{-10}，Ag_2CrO_4 的 K_{sp} 为 2.0×10^{-12}。滴定必须在中性或弱碱性溶液中进行，最适宜 pH 范围为 6.5～10.5。如果有铵盐存在，溶液的 pH 值需控制在 6.5～7.2。

指示剂的用量对滴定有影响，一般以 5×10^{-3} mol/L 为宜。

凡是能与 Ag^+ 生成难溶性化合物或络合物的阴离子都干扰测定，如 PO_4^{3-}、AsO_4^{3-}、SO_3^{2-}、S^{2-}、CO_3^{2-}、$C_2O_4^{2-}$ 等。H_2S 可用加热煮沸除去，将 SO_3^{2-} 氧化成 SO_4^{2-} 后不再干扰测定。大量 Cu^{2+}、Ni^{2+}、Co^{2+} 等有色离子将影响终点观察。凡是能与 CrO_4^{2-} 指示剂生成难溶化合物的阳离子也干扰测定，如 Ba^{2+}、Pb^{2+} 能与 CrO_4^{2-} 分别生成 $BaCrO_4$ 和 $PbCrO_4$ 沉淀。Ba^{2+} 的干扰可通过加入过量的 Na_2SO_4 消除。Al^{3+}、Fe^{3+}、Bi^{3+}、Sn^{4+} 等高价金属离子在中性或弱碱性溶液中易水解产生沉淀，会干扰测定。

【实操演练】

1. 实验仪器、试剂

仪器：分析天平（0.1 mg）、棕色酸式滴定管（50 mL）、锥形瓶（250 mL）、容量瓶（250 mL）、烧杯（100 mL）、移液管（25 mL）。

试剂：NaCl 基准试剂、$AgNO_3$、K_2CrO_4 溶液（5%水溶液）、粗盐样品。

2. 实验流程

(1)0.02 mol/L$AgNO_3$ 溶液的配制及标定。

**预习要求：根据项目二的任务 2.6 完成 $AgNO_3$ 溶液的配制及标定流程规划。

(2)试样分析。

准确称取 0.25 g 粗盐试样置于烧杯中,加水溶解后,转入 250 mL 容量瓶中,用水稀释至刻度,摇匀。

用移液管移取 25.00 mL 试液于 250 mL 锥形瓶中,用吸量管加入 0.5 mL 5% K_2CrO_4 溶液,在不断摇动下,用 $AgNO_3$ 标准溶液滴定至溶液出现砖红色(终点)。平行测定三份,同时做空白实验。计算试样中氯的含量。

实验完毕后,将 $AgNO_3$ 溶液的滴定管先用蒸馏水冲洗 2～3 次后,再用自来水洗净,以免 AgCl 残留于管内。

3. 数据记录与处理

将数据记录在表 6-1 和表 6-2 中。

表 6-1　$AgNO_3$ 溶液标定数据

项目		次数 1	次数 2	次数 3
称量基准物质	倾样前质量/g			
	倾样后质量/g			
	m_{NaCl}/g			
消耗 $AgNO_3$ 溶液体积	V_{AgNO_3}/mL			
$AgNO_3$ 溶液浓度	C_{AgNO_3}/(mol/L)			
	$\overline{C}_{AgNO_3}$/(mol/L)			
相对平均偏差				

表 6-2　粗盐样品测定数据

项目		次数 1	次数 2	次数 3
称量样品	倾样前质量/g			
	倾样后质量/g			
	$m_{样品}$/g			
消耗 $AgNO_3$ 体积	V_{AgNO_3}/mL			
空白实验	V_0/mL			
C_{AgNO_3}/(mol/L)				
ω_{Cl^-}/(%)				
$\overline{\omega}_{Cl^-}$/(%)				
相对平均偏差				

计算过程：

【实验反思】

请结合个人实验演练对粗盐中氯离子含量测定过程、终点判断及数据结果进行总结反思。

【课堂评价】

进行课堂评价并填表 6-3。

表 6-3 课堂评价表

评价项目	分值	评价		
		学生自评 30%	教师评价 70%	综合评价
课前预习 （完成预习并在工作手册中完成填写）	20 分			
课堂表现 （积极参与实验，操作规范）	50 分			
实验数据 （数据记录准确、及时，结果处理准确）	30 分			

【知识拓展】

硝酸银，是一种无机化合物，用于照相乳剂、镀银、制镜、印刷、医药、染毛发，以及检验氯离子、溴离子和碘离子等，也用于电子工业。硝酸银与可燃物混合能形成爆炸性混合物，与部分有机物或硫、磷混合研磨、撞击可燃烧或爆炸，受高热分解产生有毒的氮氧化物，被列入《易制爆危险化学品名录》，并按照《易制爆危险化学品治安管理办法》管控。

任务 6.2　佛尔哈德法测定食品中氯化物含量

【实验任务】

采用佛尔哈德法(间接沉淀滴定法)测定处理后的食品样品,计算食品中氯化物的含量。

【实验目标】

(1)学习间接沉淀滴定操作。

(2)掌握佛尔哈德法滴定操作的基本要领。

(3)掌握佛尔哈德法测定酱油样品中氯化钠含量的原理和方法。

【实验指导】

食品中氯化物的测定方法主要有自动电位滴定法、间接沉淀滴定法、直接沉淀滴定法、离子色谱法等。本任务采用《食品安全国家标准 食品中氯化物的测定》(GB 5009.44—2016)中的佛尔哈德法(间接沉淀滴定法)测定处理后的食品样品。

方法原理如下。

样品经水或热水溶解、沉淀蛋白质、酸化处理后,加入过量的 $AgNO_3$ 溶液,以硫酸铁铵为指示剂,用 KSCN 标准溶液滴定过量的 $AgNO_3$。根据 KSCN 标准溶液的消耗量,计算食品中氯化物的含量。

食品中氯化物的含量按下式计算(以 NaCl 计):

$$\omega_{\mathrm{NaCl}} = \frac{C_{\mathrm{AgNO_3}} V_{\mathrm{AgNO_3}} - C_{\mathrm{KSCN}} V_{\mathrm{KSCN}}}{m_{\text{试样}}} \times 58.45$$

【实操演练】

1. 实验仪器、试剂

仪器:分析天平(0.1 mg)、棕色酸式滴定管(50 mL)、锥形瓶(250 mL)、容量瓶(250 mL)、烧杯(100 mL)、移液管(25 mL)、量筒(50 mL)。

试剂:$AgNO_3$、KSCN、硫酸铁铵指示剂、HNO_3(1 ∶ 1)、NaCl 基准试剂、硝基苯、酱油样品。

2. 实验流程

本实验选择市售酱油作为样品测定。

(1)0.02 mol/L$AgNO_3$溶液的配制及标定。

**预习要求:根据项目二的任务 2.7 采用莫尔法完成 $AgNO_3$溶液的配制及标定流程规划。

____

____

____

____

____

____

(2)0.02 mol/L KSCN 溶液的配制及标定。

准确移取上述已标定的 $AgNO_3$ 标准溶液 20.00 mL 于 250 mL 锥形瓶中，加入 5 mL HNO_3 溶液和 1 mL 硫酸铁铵指示剂，用待标定的 KSCN 溶液滴定，滴定时不停振荡溶液，直至溶液变为淡红色且颜色不再消失(终点)。记录消耗的 KSCN 溶液体积，平行测定 3 次，计算 KSCN 溶液浓度。

(3)试样分析。

准确称取酱油样品 5.00 g，定量移入 250 mL 容量瓶中，加蒸馏水稀释至刻度，摇匀备用。

准确移取酱油稀释液 10.00 mL 于 250 mL 锥形瓶中，加入 50 mL 蒸馏水，加入 15 mL HNO_3 溶液，加入 $AgNO_3$ 标准溶液 25 mL，振荡溶液，再静置片刻，使沉淀沉降。加入 5 mL 硝基苯，用力振荡，使 AgCl 沉淀进入硝基苯层而与溶液隔开。加入 2 mL 硫酸铁铵指示剂，边剧烈摇动边用已标定的 KSCN 标准溶液滴定至溶液变为棕红色且保持 1 min 不褪色，记录消耗 KSCN 标准溶液的体积。平行测定三次，计算样品中 NaCl 含量。

3. 数据记录与处理

将数据记录在 6-4 至表 6-6 中。

表 6-4　$AgNO_3$ 溶液标定数据

项目		次数		
		1	2	3
称量基准物质	倾样前质量/g			
	倾样后质量/g			
	m_{NaCl}/g			
消耗 $AgNO_3$ 溶液体积	V_{AgNO_3}/mL			
$AgNO_3$ 溶液浓度	C_{AgNO_3}/(mol/L)			
	$\overline{C}_{AgNO_3}$/(mol/L)			
相对平均偏差				

表 6-5　KSCN 溶液标定数据

项目		次数		
		1	2	3
吸取 $AgNO_3$ 溶液体积	V_{AgNO_3}/mL			
消耗 KSCN 溶液体积	V_{KSCN}/mL			
KSCN 溶液浓度	C_{KSCN}/(mol/L)			
	$\overline{C}_{KSCN}$/(mol/L)			
相对平均偏差				

表 6-6　酱油样品中 NaCl 含量测定数据

项目		次数		
		1	2	3
称量酱油样品质量	$m_{试样}$/g			
吸取 $AgNO_3$ 溶液体积	V_{AgNO_3}/mL			
消耗 KSCN 溶液体积	V_{KSCN}/mL			
NaCl 含量	ω_{NaCl}/(%)			
	$\overline{\omega}_{NaCl}$/(%)			
相对平均偏差				

【实验反思】

与莫尔法对照，对本次实验测定食品中氯化物含量的原理、实验条件、滴定终点及数据结果进行总结反思。

____

____

____

____

____

【课堂评价】

进行课堂评价并填表 6-7。

表 6-7　课堂评价表

评价项目	分值	评价		
		学生自评 30%	教师评价 70%	综合评价
课前预习 （完成预习并在工作手册中完成填写）	20 分			
课堂表现 （积极参与实验，操作规范）	50 分			
实验数据 （数据记录准确、及时，结果处理准确）	30 分			

【知识拓展】

氯化物是人体必需的元素，血液中的氯等电解质离子比例失调时，轻者使人疲乏无力、厌食嗜睡、消化不良，重者导致呕吐、抽搐、昏迷不醒、心律失常等症状。《食品安全国家标准 食品中氯化物的测定》(GB 5009.44—2016)中规定了食品中氯化物含量的电位滴定法、佛尔哈德法(间接沉淀滴定法)、银量法(摩尔法或直接滴定法)测定方法。

扫码查看标准，了解不同测试方法原理、流程及试样制备步骤。

《食品安全国家标准 食品中氯化物的测定》

项目七　自主设计实验

任务 7.1　食用醋总酸度测定

【实验任务】

自主设计实验,测定食用醋样品总酸度。

【实验目标】

(1)运用所学知识及操作技能自行设计酸碱滴定实验。

(2)测定食用醋样品总酸度,并完成数据处理。

【实验指导】

为贯彻《中华人民共和国食品安全法》及其实施条例,《食品安全国家标准 食醋》(GB 2719—2018)于 2019 年 12 月 21 日正式实施。标准中对食醋的定义为"单独或混合使用各种含有淀粉、糖的物料、食用酒精,经微生物发酵酿制而成的液体酸性调味品"。

总酸是食醋属性的特异性指标。通过参考国际和国内标准,综合考虑我国食醋的生产加工现状,标准增加了食醋的总酸指标并要求预包装食醋的标签应标示总酸的含量(食醋总酸指标≥3.5 g/100 mL,甜醋总酸指标≥2.5 g/100 mL)。

查阅资料,选择实验所需仪器及指示剂,完成实验流程规划,小组讨论汇报后,完成样品测定及数据处理。

【实验设计】

1. 实验仪器、试剂

2. 实验流程

3. 实验记录与数据处理

根据实验需要设计数据记录表格：

【实验反思】

请结合小组讨论结果及实验过程对食用醋总酸度测定过程、指示剂选择及测定结果进行总结反思。

【课堂评价】

进行课堂评价并填表 7-1。

表 7-1　课堂评价表

评价项目	分值	评价		
		学生自评 30%	教师评价 70%	综合评价
测定方案设计 （小组合作完成测定方案并汇报）	20 分			
课堂表现 （小组合作完成实验测定，操作规范）	50 分			
实验数据 （数据记录准确、及时，结果处理准确）	30 分			

任务 7.2　复方氢氧化铝药片中铝、镁含量测定

【实验任务】

自主设计实验，测定复方氢氧化铝药片中铝、镁含量。

【实验目标】

(1)运用所学知识及操作技能自行设计配位滴定实验。

(2)测定复方氢氧化铝药片中铝、镁含量，并完成数据处理。

【实验指导】

复方氢氧化铝药片是最常用的抗酸药，其是由氢氧化铝、三硅酸镁与颠茄流浸膏组成的复方制剂。氢氧化铝、三硅酸镁有中和过多胃酸、保护溃疡面、局部止血等作用。

查阅资料及《中华人民共和国药典》方法，选择实验所需仪器及指示剂，完成实验流程规划，小组讨论汇报后，完成测定及数据处理。

【实验设计】

1. 实验仪器、试剂

2. 实验流程

3. 实验记录与数据处理

根据实验需要设计数据记录表格：

【实验反思】

请结合小组讨论结果及实验过程对复方氢氧化铝药片中铝、镁含量的测定过程、指示剂选择及数据结果进行总结反思。

____

____

____

____

____

____

【课堂评价】

进行课堂评价并填表 7-2。

表 7-2 课堂评价表

评价项目	分值	评价		
		学生自评 30%	教师评价 70%	综合评价
测定方案设计 （小组合作完成测定方案并汇报）	20 分			
课堂表现 （小组合作完成实验测定，操作规范）	50 分			
实验数据 （数据记录准确、及时，结果处理准确）	30 分			

任务 7.3　油脂中酸价和过氧化值的测定

【实验任务】

自主设计实验，测定油脂中酸价和过氧化值。

【实验目标】

(1)运用所学知识及操作技能自行设计实验。

(2)完成油脂中酸价和过氧化值的测定，并完成数据处理。

【实验指导】

酸价：中和 1 g 油脂中游离脂肪酸所需的氢氧化钠的毫克数。

酸价是脂肪中游离脂肪酸含量的标志。脂肪在长期保存过程中，由于微生物、酶和热的作用发生缓慢水解，产生游离脂肪酸。脂肪的质量与其中的游离脂肪酸有关，一般常用酸价作为其衡量指标之一，酸价越小，说明油脂质量越好，新鲜度和精炼程度越好。

过氧化值：表示油脂和脂肪酸等被氧化程度的一种指标。油脂中的过氧化物与碘化钾反应生成碘，用硫代硫酸钠标准溶液滴定析出的碘。用过氧化物相当于碘的质量分数或 1 kg 样品中活性氧的毫摩尔数表示过氧化值的量。

过氧化值反映了油脂氧化酸败的程度。油脂在败坏的过程中，不饱和脂肪酸被氧化，形成活性很强的过氧化物，进而聚合或分解，产生醛、酮和低分子质量的有机酸类。过氧化物是油脂酸败的中间产物，因此常以过氧化物在油脂中的产生，作为油脂开始败坏的标志。油脂中过氧化物含量与酸败的程度成正比。过氧化值与油脂的新鲜程度密切相关，因此，过氧化值的测定是判断油脂酸败程度的一项重要指标。

为了保障油脂的品质和食用安全，我国食用植物油标准中规定了油脂的酸价和过氧化值的限量。查阅相关标准，选择实验所需仪器及指示剂，完成实验流程规划，小组讨论汇报后，完成测定及数据处理。

【实验设计】

1. 实验仪器、试剂

____

____

____

____

____

____

2. 实验流程

____

____

____

____

____

____

3. 实验记录与数据处理

根据实验需要设计数据记录表格：

【实验反思】

请结合小组讨论结果及实验过程对油脂中酸价和过氧化值的测定过程、指示剂选择及数据结果进行总结反思。

____

____

____

____

____

____

【课堂评价】

进行课堂评价并填表 7-3。

表 7-3　课堂评价表

评价项目	分值	评价		
		学生自评 30%	教师评价 70%	综合评价
测定方案设计 （小组合作完成测定方案并汇报）	20 分			
课堂表现 （小组合作完成实验测定，操作规范）	50 分			
实验数据 （数据记录准确、及时，结果处理准确）	30 分			

【知识拓展】

国家标准《食品安全国家标准 植物油》（GB 2716—2018）对不同的植物油的理化指标规定了具体限值及检测方法，如表 7-4 所示。

表 7-4　理化指标

项目	指标			检验方法
	植物原油	食用植物油（包括调和油）	煎炸过程中的食用植物油	
酸价(KOH)/(mg/g)		3	5	GB 5009.229
米糠油　≤	25			
棕榈（仁）油、玉米油、橄榄油、棉籽油、椰子油　≤	10			
其他　≤	4			
过氧化值/(g/100 g)　≤	0.25	0.25	—	GB 5009.227
极性组分/(%)　≤	—	—	27	GB 5009.202
溶剂残留量*/(mg/kg)　≤	—	20	—	GB 5009.262
游离棉酚/(mg/kg)		200	200	GB 5009.148
棉籽油　≤	—			

注：1. 划有“—”者不做检测。

2. * 表示压榨油溶剂残留量不得检出（检出值小于 10 mg/kg 时，视为未检出）。

扫码查看相关标准。

《食品安全国家标准 植物油》

《食品安全国家标准 食品中过氧化值的测定》

《食品安全国家标准 食品中酸价的测定》

参考文献

[1] 高职高专化学教材编写组. 分析化学实验[M]. 2版. 北京：高等教育出版社，2000.
[2] 刘珍. 化验员读本[M]. 4版. 北京：化学工业出版社，2014.
[3] 南京大学大学化学实验教学组. 大学化学实验[M]. 3版. 北京：高等教育出版社，2018.
[4] 吕晓丽，司艳玲，刘俊渤. 无机及分析化学实验[M]. 北京：高等教育出版社，2023.
[5] 陈智理. 食品感官与理化检验技术[M]. 北京：中国农业大学出版社，2020.
[6] 高军林，柳滢春，王安群. 化学分析技术[M]. 北京：化学工业出版社，2011.
[7] 辛述元，王萍. 无机及分析化学实验[M]. 3版. 北京：化学工业出版社，2019.
[8] 韩晓霞，赵堂. 基础化学实验[M]. 北京：化学工业出版社，2018.
[9] 化学实验教材编写组. 化学基本操作技术实验[M]. 北京：化学工业出版社，2014.